"十四五"职业教育国家规划教材

高职高专艺术设计专业系列教材

JIAJU SHEJI
YU CHENSHE

家具设计与陈设 （第2版）

主　编　杨凌云　郭颖艳

副主编　吴　哲　温耀龙　杜秋红

参　编　罗　静　黄培津　彭博聪　刘光奎

U0279968

重庆大学出版社

图书在版编目（CIP）数据

家具设计与陈设／杨凌云，郭颖艳主编. --2版.
-- 重庆：重庆大学出版社，2020.8（2024.7重印）
高职高专艺术设计专业系列教材
ISBN 978-7-5624-8979-5

Ⅰ.①家… Ⅱ.①杨… ②郭… Ⅲ.①家具—设计—
职业教育—教材②家具—室内布置—职业教育—教
材 Ⅳ.①TS664.01②J525.3

中国版本图书馆CIP数据核字（2020）第157440号

高职高专艺术设计专业系列教材

家具设计与陈设(第2版)
JIAJU SHEJI YU CHENSHE

主　　编：杨凌云　郭颖艳

副 主 编：吴　哲　温耀龙　杜秋红

策划编辑：蹇　佳

责任编辑：蹇　佳　　版式设计：蹇　佳

责任校对：谢　芳　　责任印制：赵　晟

———————————————

重庆大学出版社出版发行

出版人：陈晓阳

社址：重庆市沙坪坝区大学城西路21号

邮编：401331

电话：（023）88617190　88617185（中小学）

传真：（023）88617186　88617166

网址：http：//www.cqup.com.cn

邮箱：fxk@cqup.com.cn（营销中心）

全国新华书店经销

重庆亘鑫印务有限公司印刷

———————————————

开本：787mm×1092mm　1/16　印张：11.5　字数：366千
2015年8月第1版　2020年8月第2版　2024年7月第7次印刷
印数：13 101—16 100
ISBN 978-7-5624-8979-5　定价：58.00元

———————————————

第2版前言

　　高等职业教育艺术设计教育的教学模式满足了工业化时代的人才需求，专业的设置、衍生及细分是应对信息时代的改革措施。然而，在中国经济飞速发展的过程中，中国的艺术设计教育却一直在被动地跟进。未来的学习，将更加个性化、自主化，因为吸收知识的渠道遍布在每个角落；未来的学校，将更加注重引导和服务，因为学生真正需要的是目标的树立与素质的提升。在探索过程中，如何提出一套具有前瞻性、系统性、创新性、具体性的课程改革方法，将成为值得研究的话题。

　　进入21世纪的第三个十年，基于云技术和物联网的大数据时代已经深刻而鲜活地展现在我们面前。当前的艺术设计教育体系将被重新建构，同时也被赋予新的生机。本教材集合了一大批具有丰富市场实践经验的高校艺术设计教师作为编写团队。在充分研究设计发展历史和设计教育、设计产业、市场趋势的基础上，不断梳理、研讨、明确了当下高职教育和艺术设计教育的本质与使命。

　　家具不仅是人们生活、工作、学习的必需品，而且是室内最主要的装饰品，是一种技术与艺术完美结合的工业产品，既要满足人们的使用功能要求，又要满足人们的审美愿望。随着时代的进步与社会的发展，人们对家具设计不断提出新的要求。

　　《家具设计与陈设》自2015年出版以来，受到全国艺术设计专业师生的广泛关注和好评，已被全国几十所高等职业院校作为教材使用。《家具设计与陈设（第2版）》以习近平新时代中国特色社会主义思想为指导，融入党的二十大精神，根据《关于推动现代职业教育高质量发展的意见》《全国大中小学教材建设规划（2019—2022年）》和《职业院校教材管理办法》相关文件，结合艺术设计专业特点，从家具设计与陈设课程出发，进一步凝练出以下编写理念：以学生为中心、任务为导向，培养具有实操能力，适应未来社会的创新型人才，为家具设计师或室内设计师等相关职业岗位人员的终身发展奠定基础。以培养学生实践能力和职业素养为中心，注重贴近家具产业实际，将家具设计"岗课赛证"融通的高技能人才培养体系融入教学。

　　《家具设计与陈设（第2版）》教材主要有以下特点：一是依据企业新产品开发的工作内容和流程，进行家具产品设计的专题模块分类和项目训练，更贴合职业教育的特点；二是在案例的选用上，关注新中式风格家具、民族风格家具、适老化家具等具有特色性和代表性的案例，旨在介绍专业知识的同时，传承优秀传统家具文化，厚植家国情怀，增强文化自信，提升中华文明的传播与影响力，培养尊老、爱老等品质；三是配有微课和视频资源，融入现代化、信息数字化的人才培养战略，打造纸质书与视听结合的新形态融合教材，便于师生学习、应用；四是融入企业最新真实案例，方便学生了解新技术、新工艺与新规范，学习企业生产安全规范，提升安全观，体现了教学的实践性与前瞻性；五是增加学习评判，通过多维度的过程性评价方式，有助于反映学生学习情况，方便查漏补缺。

本教材中的尺寸采用行业新标准，如《家具　桌、椅、凳类主要尺寸》（GB/T 3326—2016）、《家具　柜类主要尺寸》（GB/T 3327—2016）、《家具　床类主要尺寸》（GB/T 3328—2016）、《软体家具　沙发》（QB/T 1952.1—2012）。

本教材共设有六个教学模块，通过资料收集与整理、家具创意构思与草图表达、家具产品测绘、家具结构图纸绘制、家具新产品开发和样板房软装设计等项目训练，让学生在训练中掌握家具设计的基本理论、家具产品设计流程与方法、家具产品开发实践以及家居软装设计等内容。本教材不仅可作为高等职业院校家具设计、产品设计、室内设计、环境艺术设计等专业的教材，同时对广大相关专业教育工作者，家具企业人员及家具业余爱好者认识和了解家具设计也具有参考价值。

本教材由校企共同开发。四川城市职业学院杨凌云和四川国际标榜职业学院郭颖艳担任主编，绵阳职业技术学院吴哲、重庆文理学院温耀龙、四川城市职业学院杜秋红担任副主编。来自企业的明珠家具股份有限公司罗静、黄培津，成都正合居品家居有限公司彭博聪，成都艾玛工业设计有限公司刘光奎深度参与本书的编写，担任参编。本编写团队体现校企协同育人、彰显职业教育产教融合。对接企业先进技术，方便学生对新技术、新工艺与新规范的实时掌握，体现了教学的实践性与前瞻性，确保教材内容与行业需求保持同步。

感谢四川高盛家具有限公司提供了部分素材，感谢重庆大学出版社的帮助和支持。

限于编者水平，书中不足之处在所难免，恳请广大读者批评指正，以便在今后的再版印刷中进行改进。

编　者

第1版前言

　　家具不仅是人们生活、工作、学习的必需品，而且是室内最主要的装饰品，是一种技术与艺术完美结合的工业产品。它既要满足人们对其使用功能的要求，又要满足人们的审美愿望。随着时代的进步与社会的发展，人们对家具设计将会不断提出新的要求。

　　本书结合当前家具行业发展的新形势与新特点，针对家具企业对家具设计方面人才基本素养的需求，按照企业设计实战环境必备的基本知识结构和能力要求，系统地介绍了家具的特性与类型、家具设计的概念、家具设计与室内设计的关系以及家具设计的发展趋势。着重对家具造型设计、家具结构设计、家具功能设计、家具新产品开发与实务、家具陈设等方面作了详细叙述，并在每个章节后面附上了技能训练项目。全书内容全面，结构合理，图文并茂，案例鲜活，贴近实际，便于广大读者理解、掌握。因此，本书不仅可作为高等院校家具设计、工业设计、室内设计、环境艺术设计等专业的教材。

　　感谢成都八益集团副总裁吴永刚先生、成都艾玛工业设计有限公司设计总监刘光奎先生，蓝色视觉陈列软装设计公司为本教材提供的素材和建议，感谢重庆大学出版社对本书提供的帮助和支持。

　　限于编者的水平和经验，书中不足之处在所难免，恳请广大读者批评指正以便在今后的教材编写工作中改进和提高。

编　者
2020年1月

目录

模块 **1**

家具设计概论

知识目标

（1）掌握家具设计的概念及家具设计的内容；
（2）熟悉现代家具的分类方法，理解家具的特性；
（3）理解家具设计的原则。

能力目标

（1）能够清晰描述现代家具与室内设计、环境设计等相关专业的关系；
（2）能够理解和表述现代家具设计的发展趋势。

素质目标

（1）加深对家具设计的认识，提升学习兴趣；
（2）培养资料收集与整理能力，提升语言表达能力。

课件

明式交椅赏析

北欧风格家具赏析

1.1

家具特性

家具贯穿人类生存的时间和空间，它无时不在、无处不在。从一坨泥土、一块石头或一段树桩等最原始的坐具形态，到豪华威严的御座，再到高雅舒适的沙发，都充分显现了人类的进化和社会的进步。家具以其独特的多重功能贯穿于社会生活的方方面面，与人们的衣食住行密切相关。随着社会的发展、科学技术的进步以及生活方式的变化，家具也处于不停的发展变化之中。家具不仅表现为室内陈设、生活器具、工业产品、市场商品，同时还表现为文化艺术作品，是一种文化形态与文明象征。

具体而言，家具是供人们坐、卧、作业、交往或供物品贮存和展示的器具。

抽象而言，家具是维系人类生存和繁衍不可或缺的器具与设备。家具是建筑环境中人类生存的状态和方式，所以当人类生存方式的进化与转变就促进了家具功能和形态的变化，而家具的结构形态又决定了人们的生活方式和工作方式。

1.1.1 功能的双重性

家具不仅是一种简单的功能物质产品，也是一种精神产品。它既要满足某些特定的直接用途，又要满足供人们观赏，使人们在接触和使用过程中产生某种审美快感和引发丰富联想的精神需求。它既涉及材料、工艺、设备、化工、电器、五金、塑料等技术领域，又与社会学、行为学、美学、心理学等社会学科以及造型艺术理论密切相关。家具既是物质产品，又是艺术创作，这便是家具功能的双重性特点（图1-1）。

图1-1　功能与艺术结合

1.1.2　使用的普遍性

在古代，家具已得到了广泛的应用。在现代，家具更是无所不在、无处不有。家具以其独特的功能贯穿人们的工作、学习、交往、旅游、娱乐、休息等各种活动中，而且随着社会的发展、科学技术的进步以及生活方式的变化，家具也处在发展变化之中。如现代社会中，因人们生活内容的增加而出现的整体橱柜、浴室家具、多功能家具等（图1-2）。

图1-2　时尚、智能的整体厨房

1.1.3　家具的社会性

家具的类型、数量、功能、形式、风格和制作水平以及社会家具的占有情况，反映了一个国家和地区在某一历史时期的社会生活方式、社会物质文明的水平以及历史文化特征。

家具是社会生产力发展水平的标志，是生活方式的缩影，是文化形态的显现，因而家具凝聚了丰富而深刻的社会性（图1-3）。

图1-3　清代家具

1.1.4　家具的文化性

文化是一个有着狭义和广义的词。狭义的文化指人类社会意识形态及与之相适应的制度和设施；而广义的文化指人类所创造的物质和精神财富总和。文化一词是一个发展的概念，时至今日，人们多采用规范性的定义，即把文化看作一种生活方式、样式或行为模式。

家具是社会物质产品，作为重要的物质文化形态，表现为直接为人类社会的生产、生活、学习、交际和文化娱乐等活动服务。同时家具又是一门生活艺术，它结合环境艺术、造型艺术和装饰艺术等，直接反映我们创造了什么样的文化。它以自己特有的形象和符号来影响和沟通人的情感，对人的情感、心理产生一定的影响，是人类理解过去、表现现在、规划将来的一种表现形态，有着历史的连续性和对未来的限定性。

家具的文化属性包括物质文化和精神文化两个层面。作为物质文化产品，家具是人类社会发展、物质生活水准和科学技术发展水平的重要标志。家具的品类和数量反映了人类从农业时代、工业时代到信息时代的发展和进步。家具材料是人类利用大自然和改造大自然的系统记录，家具的结构和工艺反映了科学的发展状态和工艺技术的进展。家具发展史是人类物质文明史的一个重要组成部分。作为精神文化产品，家具以其多样化的外观形式体现出的审美功能，具有潜移默化地唤起人们的审美情趣、培养人们的审美情操、提高人们审美能力的作用。

家具作为一种物质生产活动，其品种数量必然繁多、风格各异，随着社会的发展，更是日益丰富。家具文化属性具有以下几个方面的特征。

（1）地域性特征

不同的地域地貌，不同的自然资源，不同的气候条件，必然产生区域文明的差异，并形成不同的家具品类、功能和材料特性。中国传统家具便是如此。我国幅员辽阔，北方山雄地阔，北方人多质朴粗犷，家具则相应表现为大尺度、重实体、端庄稳定（图1-4）；南方山清水秀，南方人多文静细腻，家具则表现为精致柔和、奇巧多变。在家具造型方面，过去有"南方的腿，北方的帽"之说，其原因是北方的家具讲究大帽盖，多显沉重，而南方的家具则追求脚型的变化，多显秀雅。在家具色彩方面，北方家具喜欢深沉凝重，南方家具则更喜欢淡雅清新。

（2）时代性特征

和整个人类文化的发展过程一样，家具的发展也有其阶段性，即不同历史时期的家具风格显现出不同的时代特征。农业社会、工业社会和信息社会的家具均表现出各自不同的风格与个性（图1-5、图1-6）。

在农业社会，家具或精雕细琢，或简洁质朴，均留下了明显的手工痕迹，风格表现为古典式。在工业社会，家具的生产方式为工厂批量生产，产品的风格则表现为现代式，造型简洁平直，几乎没有特别的装饰，主要追求一种机械美、技术美。在信息社会，家具又否定了现代功能主义的设计原则，转而注重文脉和文化语义，因而家具风格呈现了多元的发展趋势，既要反映当代人的生活方式，反映当代生产的技术、材料特点，又要在家具艺术语言上与地域、民族、传统、历史等方面进行同构与兼容。从共性走向个性，从单一走向多样，家具与室内陈设均表现出强烈的个人色彩，这正是当前家具的时代性特征。

图1-4　太师椅

图1-5　中式传统家具

图1-6　现代家具

图1-7 日本"和式"家具

图1-8 中华民族风格家具

图1-9 Y形椅（汉斯·魏格纳作品）

（3）民族特征

不同的民族有不同的居住环境、传统文化和生活习俗，从建筑造型到室内装饰，家具也有着自己的民族特征。具有本民族特色的风格设计，才具有真正的世界竞争力。美国的莱茵·辛格说："好的设计不仅意味着满足了使用功能，而且使用方便、舒适，是丰富的知识载体，是完美的精神功能的体现，充满一个民族特有的文化及风格内涵。"日本"和式"家具具有浓郁的东方特色（图1-7）。"斯堪的纳维亚风格"的家具又被称为"乡村风格"。中国是一个多民族的国家，各个民族在长期的生活环境中形成了自己深厚的文化底蕴，尤其是各少数民族长期以来所形成的家具特色，值得我们进行深入的研究和开发（图1-8）。

在家具设计中贯彻生态文明建设的理念，坚持民族家具的传承和创新，充分体现中国特色、中国风格、中国气派。

（4）传承性与传播性特征

家具文化的形成是循序渐进、逐渐形成的，家具是基于人类的使用需要而出现并发展的。家具的装饰是社会发展到一定程度后为了满足使用者的精神需求而出现的，并且社会越发达，家具装饰风格就越突出、丰富，文化内涵也越丰富。家具文化除了在固定的地域有一定的传承外，又多是以某一地区为中心，随着整体文化的交流向外传播、扩散和借鉴、交融，所以不同地域的家具文化之间也存在着相互影响。汉斯·魏格纳，一个世界设计界并不陌生的名字。他是中国明式家具的爱好者，早年潜心研究明式家具，并将明式家具的特色融入他的设计中（图1-9）。历史总是有一些耐人寻味的东西：一名深受中国明式家具影响的北欧设计师，其具有明式家具神韵的作品又反过来影响了在中国土生土长的家具设计师，如朱小杰（图1-10）。

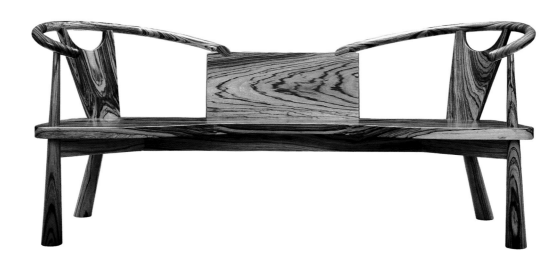

图1-10 蝶椅（朱小杰作品）

1.1.5 家具的多样性

　　家具的多样性包括两个方面的内容：一是家具品种的多样性；二是家具外观造型的多样性。家具品种一般按其使用功能和使用场所的不同进行划分。为满足人们在生活中不同的状态与行为，与之相对应的家具类型也就多种多样；另外，不同风格的建筑空间对家具设计的要求也是不同的。即使是同一类型的家具，其外观形式也具有多样性。因此，家具的多样性可表现为品种的多样性、造型的多样性、结构的多样性、色彩的多样性、功能的多样性等。也正是家具这些多样性的存在，才体现出家具设计师的价值，尽管家具品种和形式已经非常丰富，但随着社会的发展，家具还会不断地推陈出新（图1-11）。

　　图1-11 家具品种的多样性

家具分类

现代家具的材料、结构、使用场合、使用功能的日益多样化，导致现代家具类型的多样化和造型风格的多元化，因此，很难用一种方法将现代家具进行分类。在这里，仅从常见的使用和设计角度来对现代家具进行分类，作为了解现代家具设计的基础知识之一。

1.2.1 按使用功能分类

这种分类方法是根据家具与人体的关系和使用特点，按照人体工程学的原理进行分类，是一种科学的分类方法。

（1）坐卧类家具

坐卧类家具是家具中最古老、最基本的类型。家具的历史经历了由早期席地跪坐的矮型家具，到中期的重足而坐的高型家具的演变过程。这是人类告别动物的基本习惯和生存姿势的一种文明创造的行为，这也是家具最基本的哲学内涵。

坐卧类家具是与人体接触面最多，使用时间最长，使用功能最多、最广的基本家具类型，造型式样也最多、最丰富。坐卧类家具按照使用功能的不同，可分为椅凳类、沙发类、床榻类（图1-12、图1-13）。

（2）凭倚类家具

凭倚类家具是指家具结构的一部分与人体有关，另一部分与物体有关，主要供人们依凭和伏案工作，同时也兼具收纳物品功能的家具。

图1-12 椅凳类家具

图1-13 床榻类家具

图1-14　桌台类家具

图1-15　几类家具

①桌台类家具。它是与人类工作方式、学习方式、生活方式直接发生关系的家具，其高低宽窄的造型必须与坐卧类家具配套设计，具有一定的尺寸要求，如写字台、抽屉桌、会议桌、课桌、餐台、试验台、电脑桌、游戏桌等（图1-14）。

②几类家具。与桌台类家具相比，几类家具一般较矮，常见的有茶几、条几、花几、炕几等。几类家具发展到现代，茶几成为其中最重要的种类。由于沙发家具在现代家具中的重要地位，茶几随之成为现代家具设计中的一个亮点。由于茶几日益成为客厅、大堂、接待室等建筑室内开放空间的视觉焦点家具，今日的茶几设计正在以传统的实用配角家具变成集观赏、装饰于一体的陈设家具。在材质方面，除传统的木材外，玻璃、金属、石材、竹藤的综合运用使现代茶几的造型与风格千变万化、异彩纷呈（图1-15）。

（3）收纳类家具

收纳类家具是用来陈放衣服、棉被、书籍、食品、用具或展示装饰品等的家具，主要是处理物品与物品之间的关系，其次才是人与物品的关系，即满足人们在使用时候的便捷性，必须在适应人活动的一定范围内来制定尺寸和造型。此类家具通常以收纳物品的类型和使用的空间冠名，如衣柜、床头柜、橱柜、书柜、装饰柜、文件柜等（图1-16）。在早期的家具发展中，箱类家具也属于这类，由于建筑空间和人类生活方式的变化，箱类家具正逐步从现代家具中消亡，其贮藏功能被柜类家具所取代。

收纳类家具在造型上分为封闭式、开放式、综合式三种形式，在类型上分为固定式和移动式两种基本类型。法国建筑大师与家具设计大师勒·柯布西埃早在20世纪30年代就将橱柜家具固定在墙内，美国建筑大师赖特也以整体设计的概念，将贮藏家具设计成建筑的结合部分，可以视为现代贮藏家具设计的典范。

图1-16　收纳类家具

图1-17 屏风

（4）装饰类

屏风与隔断是特别富于装饰性的间隔家具，尤其是中国的传统明清家具，屏风、博古架更是独树一帜，以其精巧的工艺和雅致的造型，使建筑室内空间更加丰富通透，空间的分隔和组织更加多样化。

屏风与隔断对于现代建筑强调开敞性或多元性的室内空间设计来说，兼具分隔空间和丰富变化空间的作用。随着新材料、新工艺的不断出现，屏风或隔断已经从传统的绘画、工艺、雕屏发展为标准化部件组装，金属、玻璃、塑料、人造板材制造的现代屏风，创造出独特的视觉效果（图1-17）。

1.2.2 按建筑环境分类

根据不同的建筑环境和使用需求对家具进行分类，将其分为住宅室内家具、公共室内家具和户外家具三大类。

（1）住宅室内家具

住宅室内家具也就是指民用家具，是人类日常基本生活中离不开的家具，也是类型多、品种复杂、式样丰富的基本家具类型。按照现代住宅建筑的不同空间划分，可分为客厅与起居室、门厅与玄关、书房与工作室、儿童房与卧室、厨房与餐厅、卫生间与浴室等，家具应根据不同的空间功能进行配制。（图1-18）。

（2）公共室内家具

相对于住宅建筑，公共建筑是一个系统的建筑空间与环境空间，公共建筑的家具设计多根据建筑的功能和社会活动的内容而定，具有专业性强、类型较少、数量较大的特点。公共室内家具在类型上主要有办公家具、酒店家具、商业展示家具、学校家具等（图1-19、图1-20）。

（3）户外家具

随着当代人们环境意识的觉醒和强化，环境艺术、城市景观设计日益被人们重视，建筑设计师、室内设计师、家具设计师、产品设计师和美术家正在把精力从室内转向室外，转向城市公共环境空间，从而创造出一个更适宜人类生活的

图1-18 卧室家具

图1-19 影剧院家具

图1-20　办公空间家具

图1-21　街道家具

公共环境空间。于是，在城市广场、公园、人行道、林荫路上，将设计和配备越来越多的供人们休闲的室外家具；同时，护栏、花架、垃圾箱、候车厅、指示牌、电话亭等室外建筑与家具设施也越来越受到城市管理部门和设计界的重视，成为城市环境景观艺术的重要组成部分。我们大致可以将户外家具分为街道家具和庭院家具两类（图1-21、图1-22）。

图1-22　庭院家具

1.2.3　按制作材料分类

　　把家具按材料与工艺分类，主要是便于我们掌握不同的材料特点与工艺构造。现代家具已经日益趋向于多种材质的组合，传统意义中的单一材质家具已经日益减少。在工艺结构上也正在走向标准化、部件化的生产工艺，早已突破传统的榫卯框架工艺结构，开辟出了现代家具全新的工艺技术与结构形式。因此，在家具分类中仅仅按照一件家具的主要材料与工艺来分，主要是便于学习和理解。

（1）木质家具

　　古今中外的家具用材均以木材和木质材料为主。木质家具主要包括实木家具和木质材料家具，前者是对原木材料实体进行加工；后者是对木质进行二次加工成材，如以胶合板、刨花板、中密度纤维板、细木工板等人造板材为基材，对表面进行油漆、贴面处理而成的家具，相对于实木，在科技与工艺的支持下，人造板材可以赋予家具一些特别的形态（图1-23）。

图1-23　模压成型休闲椅

（2）金属家具

金属家具是指完全由金属材料制作或以金属管材、板材或线材等作为主构件，辅以木材、人造板、玻璃、塑料等制成的家具。金属家具可分为纯金属家具、与木质材料搭配的金属家具、与塑料搭配的金属家具、与布艺皮革搭配的金属家具及与竹藤搭配的金属家具等。金属材料与其他材料的巧妙结合，可以提高家具的性能，增强家具的现代感（图1-24）。

（3）塑料家具

一种新材料的出现对家具的设计与制造能产生重大和深远的影响，如轧钢、铝合金、镀铬、塑料、胶合板、层积木等。毫无疑问，塑料是20世纪对家具设计和造型影响最大的材料。塑料制成的家具具有天然材料家具无法代替的优点，尤其是整体成型自成一体，色彩丰富，防水防锈，成为公共建筑、室外家具的首选材料。塑料家具除了整体成型外（图1-25），还可制成家具部件，与金属、材料、玻璃等配合组装成家具。

（4）软体家具

软体家具在传统工艺上是指以弹簧、填充料为主，在现代工艺上还包括泡沫塑料成型以及充气成型的具有柔软舒适性能的家具，如沙发、软质座椅、坐垫、床垫、床榻等。这是一种应用很广的普及型家具（图1-26）。

图1-24　金属与木质材料结合的家具

图1-25　塑料家具

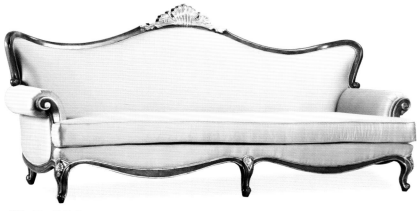

图1-26　软体家具

（5）玻璃家具

　　玻璃是一种晶莹剔透的人造材料，具有平滑、光洁、透明的独特材质美感。除了使用单一的玻璃材料制造家具外，现代家具设计的一个流行趋势就是把木材、铝合金、不锈钢与玻璃相结合，极大地增强了家具的装饰观赏价值。现代家具正在走向多种材质的组合，在这方面，玻璃材料在家具中的使用起了主导性作用（图1-27）。

（6）石材家具

　　家具使用的石材有天然石和人造石两种。全石材家具在室内环境中用得很少。石材在家具中多用于台面等局部，如茶几的台面和橱柜的台面等，要么起到防水与耐磨的作用，要么形成不同材质的对比美感（图1-28）。

（7）其他材料家具

　　除上述材料，还有纸质家具、陶瓷家具等（图1-29、图1-30）。

图1-27　玻璃家具

图1-28　石材家具

图1-29　纸质家具

图1-30　陶瓷家具

家具设计

1.3.1　家具设计的概念

设计就汉语构成而言，指的是"设想"和"计划"，它是人类为实现某一目的而设想、筹划和提出的方案。它表示一种思维和创造过程，以及将这种思维创造的结果用符号表达出来。广义的"设计"将外延延伸到人的一切有目的的创造性活动；而狭义的"设计"则专门指有关美学的实践领域内，甚至只限于实用美术范畴内的各种独立完成的构思和创造过程。

家具设计是以家具为对象的一种设计形式，家具设计作品可能是一种室内陈设，可能是一件艺术品，可能是一件日用生活用品，也可能是一件工业产品。

家具设计是指为满足人们使用的、心理的、视觉的需要，在产品投产前所进行的创造性的构思与规划，通过采用手绘表达、计算机模拟、模型或样品制作等手法表达出来的过程和结果。它围绕材料、结构、形态、色彩、表面加工、装饰等赋予家具产品新的形式、品质和意义。

家具设计是一种创造性活动，旨在确定家具产品的外形质量（即外部形状特征）。它不仅仅指外貌式样，还包括结构和功能，它应当从生产者的立场以及使用者的立场出发，使二者统一起来。

家具设计师从家具使用者的立场和观点出发，结合自己对家具的认识，对家具产品提出新的和创造性的构想，包括对外貌样式的构想、内部结构的构想、使用功能的构想、使用者在使用家具时的体验和情感构想等，用科学的语言加以表达并协助将其实现。这样的一系列过程就称为家具设计。

在当代商业背景下，家具设计可能是一项具有商业目的的设计活动。它需要完成对社会的责任和业主对具体产品设计任务的委托，达到社会、业主、设计师都满意的结果。

目前家具设计机构可分为两种基本形式：一是家具企业内的设计机构，二是独立的设计机构。企业内的设计机构依附于企业，以企业内部的设计任务为重点工作内容，长期以来，我国的家具设计机构主要以这种形式存在。随着家具产品设计地位的日益提高，设计机构专业化分工势在必行，即成立独立的设计机构。家具生产企业可根据市场需求，把自己欲开发的产品委托给这类专业的设计公司来完成，这样有利于优秀的设计人员为多家公司开发不同形式的产品，充分利用人才资源，避免各个生产企业均有设计部门，易造成工作量不足、信息渠道不畅及产品开发设计成本过高等不良现象。

1.3.2 家具设计内容

家具设计既要满足人在空间中的使用要求，又要满足人的审美需求，即满足家具的双重功能——使用功能和审美功能。家具审美功能产生的途径主要有以下两种。

第一，通过生成过程、生产材料、生产技术及最终产品产生视觉之美，主要通过形态加以体现，即造型之美。

第二，与技术相关联的功能之美，是技术与艺术相结合形成的美感，即技术之美。

家具设计在内容上主要包括艺术设计和技术设计以及与之相关的经济评估内容。家具的艺术设计就是针对家具的形态、色彩、尺度、肌理等要素对家具的形象进行设计，即通常所说的家具造型设计。在设计时，需要设计师具有一定的艺术感性思维，以艺术化的造型语言来反映某种思想和理念，通过消费者的使用和审美对其产生精神上的作用。

家具的技术设计就是对家具中所包括的各种技术要素（如材料、结构、工艺等）进行设计，设计的主要内容包括如何选用材料和确定合理的结构，如何保证家具的强度和耐久性，如何使其功能最大限度地满足使用者需求等，整个设计过程是以"结构与尺寸的合理与否"为设计原则。通过实践证明，家具的技术设计与艺术设计并不是独立的过程，两者在内容上是相互包含的（表1-1）。

表1-1　家具设计内容

家具艺术设计内容	造型	形态、体量、虚实、比例、尺度等
	色彩	整体色彩、局部色彩等
	肌理	质感、纹理、光泽、触感、舒适感、亲近感、冷暖感、柔软感等
	装饰	装饰形式、装饰方法、装饰部位、装饰材料等
家具技术设计内容	功能	基本功能、辅助功能、舒适性、安全性等
	尺寸	总体尺寸、局部尺寸、零部件尺寸、装配尺寸等
	材料	种类、规格、含水率要求、耐久性、物理化学性能、加工工艺、装饰性等
	结构	主体结构、部件结构、连接结构等

1.3.3 家具设计原则

家具设计是一种设计活动，因此它必须遵循一般的设计原则。"实用、经济、美观"是适合于大多数设计的一般性准则。随着社会的进步、人们生活水平的提高，对家具等日常生活用品也提出了新的要求，把"绿色"也加入家具设计的基本准则之中。

（1）实用性

"实用"是家具设计的本质与目的，主要针对家具的物质功能。家具设计首先必须满足它的直接用途，适应使用者的需求，并且保证产品的使用性能优异和使用功能科学。

如果家具不能满足基本的物质功能需求，那么再好的外观也是没有意义的。如餐桌用于进餐，西餐桌可以设计为长条形的，因为通常是分餐制；而中餐桌往往需要设计成圆形或正方形的，因为中国餐饮文化以聚餐为核心，长条形的餐桌不能适应中国人的用餐习惯。

家具的使用性能优异一般取决于家具的材料、结构等因素，体现在使用过程中的稳定、耐久、牢固、安全等几个方面。这要求设计师遵从力学、机械学、材料学、工艺学的要求进行结构、零部件形状与尺寸、零部件加工等设计，保证家具产品使用性能优异。

（2）美观性

美观性原则主要是指家具产品的造型美，是其精神功能所在，是对家具整体美的综合评价，分别包括产品的形式美、结构美、工艺美、材质美以及产品的外观和使用中所表现出来的强烈的时代性、社会性、民族性和文化性等。家具产品的"美"是建立在"用"的基础上的，尽管有美的法则，但美不是空中楼阁，必须根植于由功能、材料、文化所带来的自然属性中，产品的造型美应有利于功能的完善和发挥，有利于新材料和新技术的应用。如果单纯追求产品形式美而破坏了产品的使用功能，那么即使有美的造型也是无用之物。此外，家具设计还必须考虑产品造型所带给人们的心理、生理影响及视觉感受。

（3）经济性

家具设计的经济性原则应包括两个方面：一是对于企业，要保证企业利润的最大化；二是对于消费者，要保证其物美价廉、物有所值。这两者看似矛盾，不过也正因为这样，设计师的价值才得到了充分的体现。经济性将直接影响家具产品在市场上的竞争力，好的家具不一定是贵的家具，但设计的原则也并不意味着盲目追求便宜，而是以功能价值比为原则。设计师需掌握价值分析的方法，一方面避免功能过剩；另一方面要以最经济的途径来实现所要求的功能目标，在进行产品设计时，还需要充分考虑生产成本、原材料消耗、产品的机械化程度、生产效率、包装运输等方面的经济性。

没有最好的设计，只有最适合的设计。例如，一些外形简单但适合大批量生产的设计、造型单调但具有较高实用价值的设计、用材普通但具有较低成本的设计、耐久性较差但适合临时使用需求的设计，用设计的一般原则来衡量这类家具时，的确不能算是好的设计和好的产品，但考虑到一些特定人群（如低收入人群）和特定市场（如相对贫穷的农村市场），对该设计的评价就可能另当别论。

（4）绿色化

绿色化就是在设计中关注并采取措施去减弱由于人类的消费活动而给自然环境增加的生态负荷，要在资源可持续利用前提下实现产业的可持续发展。因此，家具设计必须考虑减少原材料、能源的消耗，考虑产品的生命周期，考虑产品废弃物的回收利用，考虑生产、使用和废弃后对环境的影响等问题，以实现行业的可持续发展。

家具设计应是绿色和健康的，设计应遵循3R原则，即Reduce（减少）、Reuse（重复使用）和Recycle（循环），即"少量化、再利用、资源再生"三方面。

少量化主要是指对一切材料和物质尽量最大限度地利用，以减少资源与能量消耗，如设计中简化结构、生产中减少消耗、流通中减少成本、消费中减少污染等。但需要指出的是，少量化设计并不是简单地减少，而是在设计结构与造型等内容时更多地倾注理性、科学的成分，合理的产品功能、牢固的结构、合理的用料、延长使用寿命，自然可达到"少量化"的目的。再则就是从设计生产上抵制个人的"过度消费"和"盲目消费"等消费行为，通过设计来引导产品资源的利用和分配，使其更加合理。

再利用主要是针对家具部件和整体的可替换性而言的。在不增加生产成本的前提下，每个部件，特别是关键部位、易损坏零部件结构自身的完整性，对于再利用有着特别的意义，它可以保证产品零部件在损坏时不破坏整体结构从产品主体上拆除并更换。如一张木凳，当其一条腿损坏时，我们可以在不改变其主体结构的情况下通过更换另一条腿继续使用，这就是我们所说的再利用。

资源再生是指将废弃家具和家具制造过程中产生的废料转化为可再利用的资源。这可以通过废料的分类和回收利用来实现，例如将木材废料用于制造新的板材，将金属废料用于再制造或再加工。

这种家具设计理念的实施有助于减少资源的消耗和环境的负荷，促进可持续发展。同时，它也提醒人们在家具使用和废弃时要有环保意识，让可持续性成为家具设计和制造的重要因素。

1.4

家具与室内外设计

1.4.1　家具在建筑室内环境中的地位

　　家具是构成建筑室内空间的使用功能和视觉美感的第一至关重要的因素，尤其是在科学技术高速发展的今天，由于现代建筑设计和结构技术都有了很大的进步，建筑学的学科内涵有了很大的发展，现代建筑环境艺术、室内设计与家具设计作为一个分支学科逐渐从建筑学科中分离出来，形成几个新的专业。家具是建筑室内空间的主体，人们的工作、学习和生活在建筑空间中都是以家具来演绎和展开的，无论是生活空间、工作空间、公共空间，在建筑室内设计上都要把家具的设计与配套放在首位。然后再按顺序深入考虑天花、地面、墙、门、窗各个界面的设计，加上灯光、布艺、艺术品陈列、现代电器的配套设计，综合运用现代人体工学、现代美学、现代科技的知识，为人们创造一个功能合理、完美和谐的现代文明建筑室内空间。由此可见，家具设计要与建筑室内设计相统一，家具的造型、尺度、色彩、材料、肌理要与建筑室内相适应，家具设计要深入研究、学习建筑与室内设计专业的相关知识和基本概念。现代家具设计从19世纪欧洲工业革命开始就逐步脱离了传统的手工艺概念，形成一个跨越现代建筑设计、现代室内设计、现代工业设计的现代家具新概念（图1-31）。

　图1-31　家具与室内环境

1.4.2 家具在建筑室内环境中的作用

（1）组织空间的作用

建筑室内为家具的设计、陈设提供了一个限定的空间，家具设计就是在这个限定的空间中，以人为本，去合理组织安排室内空间的设计。在建筑室内空间中，人们的工作、生活方式是多样的，满足多种使用功能就必须依靠家具的布置来实现。尽管这些家具不具备封闭和遮挡视线的功能，但可以围合出不同用途的使用区域和组织人们在室内的行动路线。如家庭居室的沙发、茶几，有时加上灯饰、电视柜等组成起居、娱乐、会客、用餐的空间（图1-32）。

图1-32 由餐桌、餐椅等围合而成的餐厅区

（2）分隔空间的作用

现代建筑为了提高室内空间使用的灵活性和利用率，常以大空间的形式出现，如具有通用空间的办公楼、具有灵活空间的标准单元住宅等。在这类空间中，为满足使用功能所需的空间分隔常由家具来完成。如整面墙的大衣柜、书架，或各种通透的隔断与屏风，大空间办公室的现代办公家具组合屏风与护围，组成互不干扰又互相连通的具有写字、电脑操作、文件储存、信息传递等多功能的办公单元（图1-33）。以家具分隔空间的方式既满足了功能要求，增加了使用面积，又在空间造型上取得了丰富的变化。作为分隔用的家具既可以是半高活动式的，也可以是柜架固定式的。

图1-33 家具分隔空间

（3）填补空间的作用

在空间的构成中，家具的大小、位置成为构图的重要因素，如果布置不当，会出现轻重不均的现象。因此，当室内家具布置存在不平衡时，可以应用一些辅助家具，如柜、几、架等设置于空缺的地位或恰当的壁面上，使室内空间布局取得均衡与稳定的效果。

另外，在空间组合中，经常会出现一些尺度低矮的难以正常使用的空间，布置合适的家具后，这些无用或难用的空间就变得有用起来（图1-34）。如坡屋顶住宅中的屋顶空间，其边沿是低矮的空间，可以布置床或沙发来填补这个空间，因为这些家具为人们提供低矮活动的可能性，而有些家具填补空间后则可作为储物之用。

图1-34 家具填补空间

图1-35　多功能座椅

图1-36　嵌入式家具

（4）间接扩大空间的作用

用家具扩大空间是以它的多用途和叠合空间的使用及贮藏性来实现的，特别在小户型家居空间中，家具起的扩大空间的作用是十分有效的。

①壁柜、壁架方式。固定式的壁柜、吊柜、壁架家具可利用过道、门廊上部或楼梯底部、墙角等闲置空间，从而将各种杂物有条不紊地贮藏起来，起到扩大空间的作用。

②多功能家具和折叠式家具。能将许多本来平行使用的空间加以叠合使用，如翻板书桌、翻板床、多用沙发、折叠椅等，它们可以使同一空间在不同时间完成不同用途（图1-35）。

③嵌入墙内的壁式柜架。由于其内凹的柜面，使人的视觉空间得以延伸，起到扩大空间的效果（图1-36）。

（5）调节室内环境色彩的作用

室内环境的色彩是由构成室内环境的各个元素的材料固有颜色共同组成的，其中包括家具本身的固有色彩。由于家具的陈设作用，家具的色彩在整个室内环境中具有举足轻重的作用。在室内色彩设计中，我们用得较多的设计原则是"大调和、小对比"，其中，小对比的设计手法往往就落在家具和陈设上。如在一个色调沉稳的客厅中，一组色调明亮的沙发会成为视觉中心的作用；在色彩明亮的客厅中，几个彩度鲜艳、明度深沉的靠垫会造成一种力度感的气氛。另外，在室内设计中，经常以家具织物的调配来构成室内色彩的调和或对比调子。如将卧室床上织物与窗帘等组成统一的色调，甚至采用同一图案纹样来取得整个房间的和谐氛围，营造舒适的色彩环境（图1-37）。

（6）反映民族文化和营造特定环境气氛的作用

由于家具的艺术造型及风格带有强烈的地方性和民族性，因此在室内设计中，常常利用家具的这一特性来加强民族传统文化的表现及特定环境氛围的营造。

在居室内，则根据主人的爱好及文化修养来选用各具特色的家具，以获得现代的、古典的或自然的环境气氛（图1-38）。

图1-37　家具与室内环境协调

JIAJU SHEJI YU CHENSHE

图1-38 明式家具造型古朴优雅，使现代居室呈现传统文化的精神内涵

（7）陶冶审美情趣的作用

家具经过设计师的设计、工匠的精心制作，成为一件件实用的工艺品，它的艺术造型会渗透着流传至今的各种艺术流派及风格。人们根据自己的审美观点和爱好来挑选家具，但使人惊奇的是人们会以群体的方式来认同各种家具式样和风格流派的艺术形式，其中有些人是主动接受的，有些人是被动接受的，也就是说，人们在较长时间与一定风格的造型艺术接触下，受到感染和熏陶后出现的品物修养，越看越爱看、越看越觉得美的情感油然而生。另外，在社会生活中，人们还有接受他人经验、信息媒介和随波逐流的消费心理，间接地产生艺术感染的渠道，出现先跟潮购买，后受陶冶而提高艺术修养的过程。

1.4.3 家具与室外环境设计

家具的发展与进化与建筑环境、科学技术的发展息息相关，更与社会形态同步。作为现代家具，尤其是和城市环境公共设施密切相关。现代城市公共环境中家具设计、标志视觉指示系统设计、垃圾箱和护栏设计、灯光照明设计、园林绿化设计、喷泉设计、雕塑设计、电话亭设计、公共交通候车亭设计等已经是现代环境艺术设计的系统工程。城市的广场、公园、街道、庭院日益成为一个面向所有市民开放的扩大的户外起居室。现代人类城市建筑空间的变化，使现代家具又有了一个新的发展空间——城市建筑环境公共家具设计。

创造具有新的使用功能又有丰富文化审美内涵，使人与环境愉快和谐相处的公共家具设施是现代艺术设计中的新领域。家具正从室内、家居和商业场所不断地扩展延伸到街道、广场、花园、林荫道、湖畔……人们随着休闲、旅游、购物等生活行为的增长，需要更多的舒适、放松、稳固、美观的公共户外家具（图1-39）。

图1-39 现代户外家具

1.5

家具设计的发展趋势

随着科技的进步，人们生活方式的改变，在人口、环境、能源、资源、生态等方面的挑战更加严峻。加之经济和文化的全球化趋势，人们生活方式和价值观念的改变，给设计领域提出了新的课题，家具设计的发展趋势也随之改变。

1.5.1　人性化设计

"以人为本"是当今家具设计的基本原则。任何一件家具的设计开发都是以人们生活需要为前提，为提高人们生活质量而开发出来的。"适用"是家具设计中的一个基本属性，是最具生命力的属性。人们对家具的要求，首先是具有实用性功能，为使用者提供符合人体生理、舒适方便、功能合理的性能，对人体不会造成伤害，如能适应人体姿势的变化，有足够强度，触感良好，安全无毒等。这就需要设计者对人体构造、尺度、动作、行为、心理等人体生理特征有充分的理解，即按人体工程学原理进行家具设计，要研究不同人群的行为科学、生活方式。

1.5.2　多样化和个性化设计

人们对家具的要求除满足实用功能外，越来越重视满足心理、审美情趣、文化方面的需要。当今信息化时代，传统与现代，外来与本土，民族、地域文化与国际化多元文化碰撞，人们的价值观、消费观念、审美情趣等各不相同，导致消费需求的多样化、个性化。任何家具形态都是通过点、线、面、体及色彩、质感等要素有机组合构成的。设计师需运用美学法则拾取不同形状、比例、体量、虚实、质感材料进行造型要素的协调处理，设计出不同风格的家具。

1.5.3　绿色设计

所谓绿色设计，就是维护人类地球绿色环境的设计，也就是不破坏地球资源、不危害地球环境的设计，又常称为面向环境的设计、面向未来的设计或生态设计。绿色设计的要点是所设计的产品对人必须是安全无害、健康且与环境融洽；尽可能节省材料，选用可以再生、易于再生的材料；在生产、消费和废弃过程中不污染环境，节约能源，尽可能避免使用危害环境的材料和不易回收、再利用的材料。

当今，绿色、环保已深入人心，尽可能实现家具的绿色设计和制造，已成为家具企业获得进入国际市场的通行证和参与国际竞争的有力保证。

以绿色低碳设计理念为人民群众创造生态、环保、舒适的人居环境，提高人民生活品质，来践行"人民群众对美好生活的向往就是我们的奋斗目标"的重要使命，为推动绿色发展、增进民生福祉，实现中国式现代化和中华民族伟大复兴贡献自己的力量。

1.5.4 家具与家居相融性设计

当代家居设计，将更加注重家具与室内整体环境的和谐统一。人们不希望家具从室内环境中被割裂开来，希望在选好家具后对室内进行统一设计或针对室内环境设计家具，因为室内设计是家具设计的前提和基础，而家具设计反过来影响着室内设计的总体特征，家具设计与室内设计的关系将越来越紧密，且互相制约、互相影响。那种不分场合、不分地点的家具将会越来越少、不考虑家具而对室内空间进行盲目设计的行为也将逐渐消失。总之，与室内设计紧密相连的家具设计将成为主要的发展趋势。

1.5.5 国际化和民族化设计

现代家具设计存在着国际化与民族化两种明显的发展趋势。首先，由于现代信息技术的发展，缩短了人与人之间的距离，世界变得越来越小。家具设计师采用多元文化的途径和手段进行家具设计，缩小了地域之间、民族之间和文化之间的差异，增加了文化的共性，再加之便利的交通、开放的国际市场和国际贸易，家具风格式样的趋同是必然趋势。与此同时，家具设计师重新认识民族文化的价值，人们逐渐认识到，传统文化和民族文化的丰厚内涵和历史的积淀是家具设计的生命与源泉，"只有民族的才是世界的"已被设计界所公认，民族性是家具设计走向世界的基点。如中国明式家具以其简练、挺拔、富于力度的优美造型，成为世界家具大家族中一块耀眼的瑰宝。所以，不同地域形成的民族文化应受到家具设计师的重视，设计中有本民族文化的内涵才有可能持续发展。

1.5.6 信息化、智能化设计

以信息技术、知识经济为标志的第三次浪潮迅速席卷全球，特别是以国际互联网为代表的全球信息高速公路的突破性扩展，使人们的衣、食、住、行都有了新的需求和发展，生活与工作方式也发生了许多新的变化。随着数字产品广泛地进入家庭，极大地提升了人们的生活品质，导致了建筑、环境、家具的设计朝智能化与信息化趋势发展，传达了建筑与家具的新语义和新内涵，使人们从视觉和触觉上感受到了一个全新的世界。信息时代的家具产品，不仅可以改变人们工作、生活和休闲的方式，而且能够以多样化的人机界面，创造出人与人、人与物、人与空间、人与环境之间的新型沟通形式，丰富和激励人们的想象力，增进自我完善的能力。同时，随着智能化建筑、数字化技术的日益普及，带来了许多信息时代家具设计新时空，也给家具设计师带来了极大的创新性、探索性和挑战性，更是给家具企业带来了巨大的市场和利润。

面向未来，家具设计开发着眼于未来社会，它要求设计师有敏锐的感觉，善于捕捉家具在未来环境中可能发生的变化，不断探索设计创新的新素材，不断地设计开发新的家具产品，为人们创造出更美好和更新的生活方式。例如，现代的整体厨房家具的设计与开发。在现代家庭生活中，厨房日益成为一个开放的生活中心，现代整体厨房家具正在成为现代家具工业中一

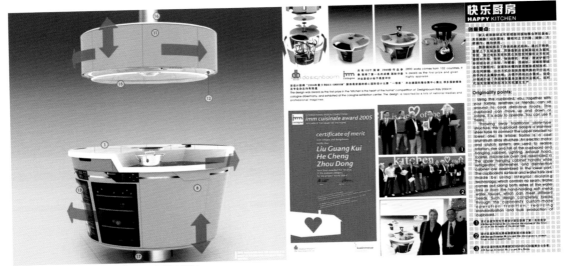

图1-40　现代数字化厨房（已申请专利）

个日益重要的产品，橱柜家具与灶具、油烟机、微波炉、冰箱、烤箱、消毒碗柜等家电的系列化设计，与照明电路、给排水管道的综合设计，使得家具业与家电业正日益走在一起，产生跨行业的产业重组与整合，尤其是与计算机网络技术的结合更是如此。例如，在橱柜中安装数字化的计算机屏幕设备，其终端与城市社区的超市和购物中心连接，家庭主妇可以随时实现网上购物，了解商业信息；可以在上班时利用数字通信设备遥控开启电饭煲、微波炉。这使得现代厨房家具从工业化时代的标准化、部件化

图1-41　现代集成卫浴家具（已申请专利）

生产进一步提升为智能化与数字化的现代厨房家具（图1-40）。

今时今日，家庭浴室的设计也正逐步成为一个新兴的工业，它将形式及功能与最新的科技结合，设计开发出款式造型多样的智能与标准化的卫浴家具。除了一体成型、标准部件化生产的卫浴设施外，还兼有水力治疗、蒸汽清洁、淋巴引流按摩及美容肌肤作用。卫浴家具设计与科技的发展已经将一间传统的平平无奇的浴室变成一个具有保健功能，安全、舒适、温馨、有趣的重要的家庭空间（图1-41）。

家具设计开发一定要着眼于未来社会与科技的发展，要在现代社会与未来社会间不断地构筑出一座座桥梁，把人们带入一个新的更加美好的世界，这是时代赋予现代家具设计师的历史使命。

项目训练——资料收集与整理

项目名称	资料收集与整理
训练目标	寻找资料收集的途径；掌握家具产品的不同类型及资料整理方法
训练内容和方法	利用网络资源进行不同家具产品的图片收集与整理
考核标准	是否足额完成；图片是否清晰，并具有代表性；家具产品类型是否全面；资料整理是否规范

学习评判

评价指标	评价内容	分值	自评	互评	教师
思维能力	能够从不同的角度提出问题，并考虑解决问题的方法	10			
自学能力	能够通过自己已有的知识、经验，独立地获取新的知识和信息	5			
	能够通过自己的感知、分析等来正确地理解家具设计概论新知识	5			
实践操作能力	能够根据自己获取的家具设计概论新知识完成工作任务	5			
	能够规范严谨地撰写家具设计文案	5			
创新能力	在小组讨论中能够与他人交流自己的想法，敢于标新立异	8			
	能够跳出固有的课内外知识，提出自己的见解，培养自己的创新性	7			
表达能力	能够正确地组织和传达家具设计概论的内容	15			
合作能力	能够为小组提供信息、质疑、归类和检验，提出方法，阐明观点	15			
学习方法掌握能力	根据本次任务实际情况对自己的学习方法进行调整和修改	15			
应用能力	能够根据本次任务正确使用学习方法	5			
	能够正确地整合各种学习方法，进行比较以更好地运用	2			
	能够有效利用学习资源	3			
总分		100			
个人小结					

模块 2

家具造型设计

知识目标
（1）了解家具造型设计的方法；
（2）熟悉家具造型形态的构成要素和构成方法；
（3）熟悉家具造型设计原则及形式美学法则。

能力目标
（1）能够从美学角度分析家具造型设计中运用的基本规律和方法；
（2）学会运用家具造型形式美学法则，将不同的构成要素进行合理组合，并设计出具有良好外观形式的单体家具。

素质目标
（1）培养良好的职业意识和行为规范，提升与人的沟通能力和团队合作能力；
（2）提升审美情趣，培养家国情怀，增强文化自信；
（3）养成自我学习的习惯，提升分析问题、解决问题的能力。

课件

板式家具的装配

家具造型设计的方法

家具设计主要包含两个方面的内涵：一是外观造型设计，二是生产工艺设计。家具造型设计，是家具产品研究与开发、设计与制造的首要环节。

家具造型设计是对家具的外观形态、材质肌理、色彩装饰、空间形体等要素进行综合、分析与研究，并创造性地构成新、美、奇、特而又结构功能合理的家具形象。在学习和研究上我们把它归纳为造型设计的方法、构成要素、形式美法则等方面的内容，分别加以论述。

现代家具设计是工业革命后的产物，它随着科技与时代向前迅速发展，特别是随着信息时代来临，现代家具的设计早已超越单纯实用的价值。更多新的构形，更加体现人性和蕴涵人文，更加智能化的家具的产生，使家具设计师更多地把创新的焦点集中在家具造型的概念设计方面，尽量使家具的造型具有前卫性和时代感，更加注重造型的线条构成及结构，颜色的运用也更加大胆，材料的应用组合更多，造型可谓千变万化。

家具造型是一种在特定使用功能要求下，一种自由而富于变化的创造性造物手法，它没有一种固定的模式来包括各种可能的途径。但是根据家具的演变风格与时代的流行趋势，现代家具以简练的抽象造型为主流，具象造型多用于陈设性观赏家具或家具的装饰构件。为了便于学习与把握家具造型设计，根据现代美学原理及传统家具风格，我们把家具造型的方法分为抽象理性造型法、有机感性造型法、传统造型法三大类。

2.1.1 抽象理性造型法

抽象理性造型是以现代美学为出发点，采用纯粹抽象几何形状为主的家具造型构成手法。抽象理性造型手法具有简练的风格、明晰的条理、严谨的秩序和优美的比例，在结构上呈现数理的模块、部件的组合。从时代的特点来看，抽象理性造型手法是现代家具造型的主流，它不仅有利于工业标准化批量生产，产出经济效益，具有实用价值，在视觉美感上也表现出理性的现代精神。抽象理性造型是从包豪斯时期开始流行的国际主义风格，并发展到今天的现代家具造型手法（图2-1）。

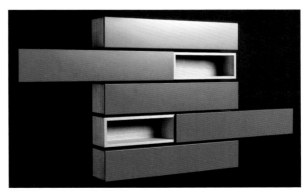

图2-1　抽象理性造型家具

2.1.2　有机感性造型法

有机感性造型是以具有优美曲线的生物形态为依据，采用自由而富于感性意念的三维形体为主导的家具造型设计手法。造型的创意构思是从优美的生物形态风格和现代雕塑形式中汲取灵感而来。有机感性造型涵盖了非常广泛的领域，它突破了曲线或直线所组成形体中狭窄、单调的范围，可以超越抽象表现的范围，将具象造型同时作为造型的媒介，运用现代造型手法和创造工艺，在满足功能的前提下，灵

图2-2　有机感性造型家具

活地应用在现代家具造型中，具有独特、生动、有趣的效果，各种现代材料如壳体结构、泡沫塑料、充气薄膜、热压胶板等的应用，也为各种造型提供了可能（图2-2）。

2.1.3　传统造型法

中外历代传统家具的优秀造型手法和流行风格是全世界各国家具设计的源泉。传统造型方法是在继承和学习传统家具的基础上，将现代生活功能和材料结构与传统家具的特征相结合，设计出既富有时代气息又具有传统风格式样的新型家具。作为设计师，必须了解传统家具丰富多彩的造型形式，通过研究、欣赏、借鉴中外历代优秀古典家具，了解家具过去、现在的造型变迁，清晰地了解家具造型发展、演变的脉络，从中得到新的启迪，为今天的家具造型设计所用（图2-3）。

从现代设计发展潮流来看，抽象理性的造型计划性强，符合时代发展需要，适应现代材料结构特点和大批量工业化生产的需要，而有机感性造型则更活泼自由，更趋于人性化，具有强烈的时代感。

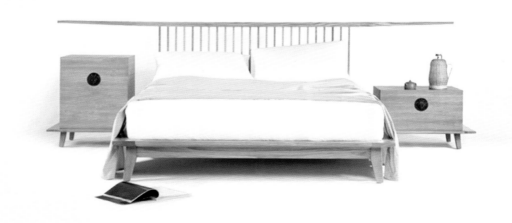

　图2-3　明式家具造型的简化与提炼

家具造型的要素及其应用

现代家具是一种具有物质实用功能与精神审美功能的工业产品，更重要的是，家具又是一种必须通过市场进行流通的商品，家具的实用功能与外观造型直接影响人们的购买行为。而外观造型与式样最能直接地传递美的信息，通过视觉、触觉、嗅觉等知觉要素，激发人们愉快的情感，使人们在使用中得到美与舒适的享受，从而产生购买欲望。因此，家具造型设计在现代市场竞争中成为主要且重要的因素。一件好家具，应该是在造型设计的统领下，将使用功能、材料与结构及工业化批量生产需求完美统一的结果。要设计出完美的家具造型形象，就需要我们了解和掌握一些形态的构成要素、构成方法，它包括点、线、面、体、色彩、材质、肌理与装饰等基本要素，并按照一定的形式美法则去构成美的家具造型形象。下面就把家具形态构成要素结合在家具造型设计中的具体应用分别加以论述。

2.2.1 造型形态

同样功能的家具在不同的文化背景中有不同的造型形态，就像欧洲的巴洛克与洛可可家具与中国明式家具的形态有着截然不同的造型形态一样。所以，在进行家具设计时必须很好地了解形态的概念，所谓"形"就是指物体的形状或形体，针对造型有圆形、长方形、正方体，可以是单体也可以是复合体；"态"是指蕴含在物体"形"内的"神态"，也指造型语义。综合而言，形态就是指物体的"外形"和"神态"的结合。"形"是固有的、物理的、客观的、自然的，"态"是联想的、心理的、主观的、社会的。

形态设计的目的是创造出具有感染力的形态，形态是设计师的设计理念及其设计作品所具有的实用功能与审美价值的具体物化体现。不同的形态具有不同的意义，分析总结家具的各种形态将有助于对家

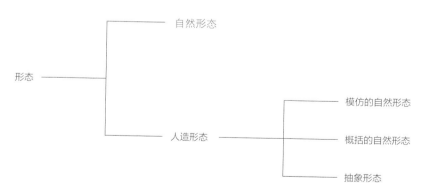

图2-4 形态的分类

具形态的创造（图2-4）。

自然形态：自然界中客观存在的各种形态，包括生物和非生物的以及自然的现象。

人造形态：人类利用一定的材料，通过各种加工工具（机械）制造出来的形态，主要来自对自然形态的照实模仿或受到自然形态的启发概括而成。家具属于人造形态，自然形态在其中的反映几乎无处不在。从古希腊、古罗马风格到巴洛克、洛可可风格，从中国明式家具到后现代、新现代风格家具，都可以找到自然形态在家具设计中应用成功的例子。因此，研究自然形态向人造形态的转变是研究家具形态设计的重要维度，也是家具造型设计的基本形式美学法则之一。

自然形态在向人工形态转化的过程中，需要借助一定的载体，即通过一些具体的要素来进行表达。对于家具产品设计而言，自然形态向人造形态转化可以从材料、结构、造型和功能等几方面入手。

2.2.2　点

"点"是形态构成中最基本的构成单位。在几何学里，点是理性概念，形态是无大小、无方向，静态的，只有位置。而在家具造型设计中，点是有大小、方向，甚至有体积、色彩、肌理质感的，在视觉与装饰上产生亮点、焦点、中心的效果。在家具与建筑室内的整体环境中，凡相对于整体和背景比较小的形体都可称为点。在家具造型中，柜门、抽屉上的拉手，沙发软垫上的装饰包扣，沙发椅上的泡钉（图2-5）以及家具的小五金件等，相对于整体家具而言，它们都是以点的形态特征呈现，是家具造型设计中常用的功能附件和装饰附件。在现代家具风格、后现代风格的家具设计中，点的应用更不仅仅局限于功能性和装饰性的附加的、二维的设计元素，更是三维的、主体的（图2-6）。

　图2-5　"点"在家具中功能性和装饰性的应用　　图2-6　以"点"为主体设计元素的现代家具

2.2.3　线

在几何学的定义里，线是点移动的轨迹。在造型设计上，各类物体所包括的面及立体都可用线表现出来，线条的运用在造型设计中处于非常重要的地位。与点的概念相对应，造型设计中的线也是一个相对的概念，指某一具有同样性质的形态相对于它所在的背景或相对于整体而言，在面积、体量上相对较小，在感觉上与几何学中所标定的线的性质相似。例如，椅子的椅腿具有线的特征；柜类家具侧板的端面相对于柜面而言，具有线的特征；某些部件相对于家具整体和家具的其他部件来讲，形体较细长的构件具有线的特征。

线是构成一切物体的轮廓开头的基本要素，线本身具有形态，大致可分为直线和曲线两大体系，二者共同构成一切造型形象的基本要素（图2-7）。

图2-7　线的分类

线条的表现：线条的表现特征主要随线型的长度、粗细、状态和运动的位置有所不同，从而在人们的视觉心理上产生不同的感觉，并赋予其各种个性（图2-8）。

直线的表现：一般有严格、单纯、富有逻辑性的阳刚有力之感觉。

垂直线——具有上升严肃、高耸、端正、雄伟等视觉效果。在家具设计中着力强调的垂直线条，似乎能产生进取、庄重、超越感（图2-9）。

图2-8　以"线"为主体构成的家具

图2-9 垂直线构成的家具

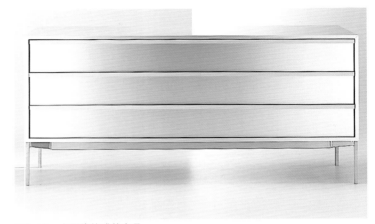

图2-10 水平线构成的家具

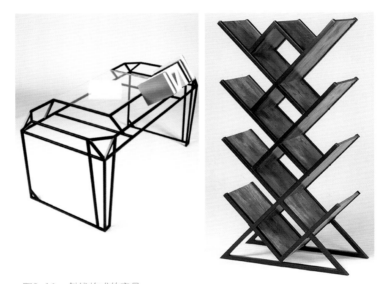

图2-11 斜线构成的家具

水平线——具有左右扩展、开阔、平静、安定等视觉效果。在家具造型中常利用水平线划分立面，并强调家具与大地之间的关系（图2-10）。

斜线——具有散射、突破、活动、变化、不安定等视觉效果。在家具设计中应合理使用，起静中有动、变化而又统一的视觉效果（图2-11）。

曲线的表现：曲线由于其长度、粗细、形态的不同而给人不同的感觉。通常曲线具有优雅、愉悦、柔和而富有变化的感觉，象征女性丰满、圆润的特点，也象征着自然界美丽的春风、流水、彩云。

图2-12　曲线在家具中的应用

几何曲线——给人以理智、明快的视觉效果。

弧线——有充实饱满的视觉效果，椭圆体还有柔软流畅之感。

抛物线——有流线型的速度之感。

双曲线——有对称美的平衡感，有流动感。

螺旋线——有等差和等比两种，是极富美感和趣味的曲线，具有渐变的韵律感。

自由曲线——有奔放、自由、丰富、华丽的视觉效果。

在家具风格的演变过程中，索内的曲木椅、阿尔托的热弯胶椅、沙里宁的有机家具等都是曲线美造型在家具中的成功应用典范（图2-12）。

家具造型构成的线条大致可归为三种：一是纯直线构成的家具（图2-13）；二是纯曲线构成的家具（图2-14）；三是直线与曲线结合构成的家具（图2-15）。线条决定着家具的造型，不同的线条构成了千变万化的式样和风格。

图2-13　纯直线构成的家具

图2-14　纯曲线构成的家具

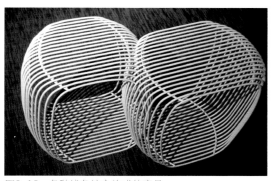

图2-15　各种线条综合构成的家具

2.2.4 面

面体现了充实、厚重、稳定的视觉效果，是造型活动中重要的基本构成要素之一。

面是由点的扩大、线的移动而形成的，面具有二维空间（长度和宽度）的特点。

造型设计中的面可分为非几何形与几何形两类，所有的面在造型中均表现为不同的"形"（图2-16）。

不同形状的面具有不同的情感特征。几何形是由直线或曲线或两者组合构成的图形。直线所构成的几何形具有简洁、明确、秩序的美感，但往往也具有呆板、单调之感；曲线所构成的几何形具有柔软、温和、亲切感和动感。多面形是一种不确定的平面形，边越多越接近曲面，软体家具、壳体家具多用曲线面。非几何形面可产生幽雅、柔和、亲切、温暖的视觉感受，能充分突出使用者的个性特征。除了形状外，家具中的面的形状还具有材质、肌理颜色的特性，在视觉、触觉上产生不同的感觉以及声学上的特性。

面是家具造型设计中的重要构成因素，有了面，家具才具有实用的功能并构成形体。面的出现主要有4种方式：一是以板面或其他板块状实体形式出现（图2-17）；二是由条状零件排列而成（图2-18）；三是由曲面围合而成（图2-19）；四是由线面混合构成。在家具造型设计中，我们可以灵活、恰当地运用各种不同形式、不同形状、不同方向的面的组合，以构成不同风格、不同样式的丰富多彩的家具造型。

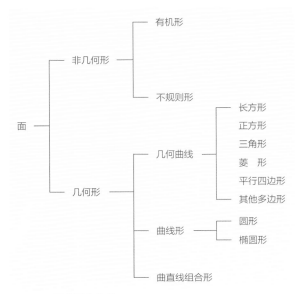

图2-16　面的形状分类

图2-17　板块构成的面

图2-18　条状排列的面

图2-19　曲面围合的面

2.2.5　体

按几何学定义，体是面移动的轨迹。在造型设计中，体是由面围合起来所构成的三维空间（具有高度、深度及宽度），体可分为几何体和非几何体两大类。

几何体有正方体、长方体、圆柱体、圆锥体、三棱锥体、球体等形态（图2-20）。

非几何体一般指一切不规则的形体（图2-21）。

在家具造型设计中，正方体和长方体是用得最广的形态，如桌、椅、凳、柜等。在家具形体造型中有实体和虚体之分，实体和虚体给人心理上的感受是不同的。虚体（由面状形线材所围合的虚空间）给人通透、轻快、空灵而具透明感（图2-22），而实体（由体块直接构成实空间）给人以重量、稳固、封闭、围合性强的感受（图2-23）。在家具设计中要充分注意体块的虚、实处理给造型设计带来的丰富变化。同时，在家具造型中多为各种不同形状的立体组合构成的复合形体，立体造型中凹凸、虚实、光影、开合等手法的综合应用可以搭配出千变万化的家具造型（图2-24）。体是设计、塑造家具造型最基本的手法，在设计中掌握和运用立体形态的基本要素，同时结合不同材质的肌理、色彩，以确定家具造型风格。

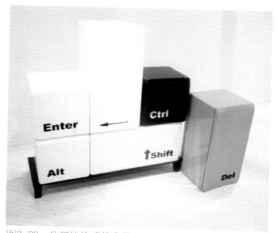

图2-20　几何体构成的家具

图2-21　非几何体构成的家具（学生作品）

图2-22　虚体构成的家具

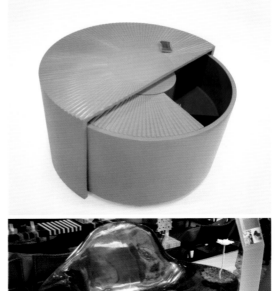

图2-23　实体构成的家具

图2-24　"体"元素在现代家具中的应用

2.2.6　质感与肌理

　　材质是家具材料表面的三维结构产生的一种质感，用来形容物体表面的肌理。质感有触觉肌理和视觉肌理两种，材质肌理是构成家具工艺美感的重要因素与表现形式。

　　材质肌理既是触觉的，又是视觉的：天然木纹的美丽与温暖，金属的坚硬与冰冷，皮革、布艺的柔软，玻璃的晶莹，竹藤的编织纹理……材质肌理不仅给人以生理上的触觉感受，也给人以视觉上的心理感受，引起冷、暖、软、硬、粗、细、轻、重等各种生理与心理的感觉。尤其是家具，与人的接触机会最多，而触觉又是人类最重要的感觉系统之一，因此家具材质肌理美感的触觉设计在家具设计中占有重要地位。

（1）材质的种类

　　不同的材料有不同的材质肌理（图2-25），即使同一种材料，由于加工方法的不同也会产生不同的质感。为了在家具造型设计中获得不同的艺术效果，可以将不同的材质配合使用，或采用不同的加工方法，显示出不同的材质肌理美，以丰富家具造型，达到工精质美的艺术效果（图2-26）。

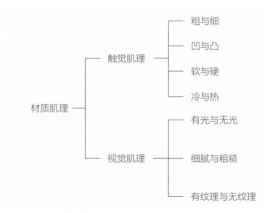

```
                          ┌── 粗与细
                          │
                  ┌ 触觉肌理 ┤── 凹与凸
                  │       │
                  │       ├── 软与硬
                  │       │
                  │       └── 冷与热
        材质肌理 ┤
                  │       ┌── 有光与无光
                  │       │
                  └ 视觉肌理 ┤── 细腻与粗糙
                          │
                          └── 有纹理与无纹理
```

图2-25　材料的分类

图2-26　不同材质肌理的搭配

（2）材质的应用

　　现代家具材料越来越丰富，科学技术的进步又为我们提供了日新月异的新材料和新工艺，为丰富现代家具的表现力创造了新的条件。

　　材料本身所具有的天然质感（图2-27），如木材、石材、金属、竹藤、玻璃、塑料、皮革、布艺等。由于其材质本质的不同，人们可以根据材质的不同长度、强度、品性、肌理，在家具设计中组合设计、搭配应用。

　　同一种材料经过不同的加工处理，可以得到不同的肌理质感。如对木材采用不同的切削加工，可以得到不同的纹理效果，径切面纹理通直平行，弦切面呈现直纹到山峰纹的渐变，较美观；对玻璃的不同加工，可以得到镜面玻璃、喷砂玻璃、刻花玻璃、彩色玻璃等不同艺术效果；对竹藤、纺织物等采用不同的穿插经纬编织工艺，可以得到千变万化的编织图案（图2-28）。

图2-27　材质的天然肌理在家具中的应用

图2-28　纺织物不同编织方法在家具中的应用

2.2.7　色　彩

色彩是家具造型设计的构成要素之一。一般而言，由于色彩本身的视觉因素，具有极强的表现力。一件家具给人的第一印象首先是色彩，其次是形态，最后是材质。色彩与材质能在视觉上、触觉上让人从心理与生理上产生感受与联想，因此完整的家具造型设计应该包含色彩设计。

色彩是一门独立的科学与艺术知识，它涉及色彩本身构成的理化科学、人眼接受色彩的视觉生理科学及人脑接受色彩产生情感的心理科学。美术上主要研究色彩的色相、明度、纯度三要素，在艺术设计及相关专业中，色彩作为专业基础课程，在色彩写生与色彩构成中都已经经过专业训练与学习，在这里着重学习与研究色彩在家具造型设计中的应用。

（1）色彩在家具中的应用

家具色彩设计的目的是追求丰富的光彩效果，传递视觉美感，表达设计师的个人情感，进而感染使用者。家具色彩设计主要涉及如何确切地选用色料，如何把选用的色料组合调配，如何确定家具各个部位的色彩等。

色彩是表达家具造型美感的一种很重要的手段，是家具设计的主导因素之一。一般来讲，色彩在家具上的应用主要包括家具整体色彩的搭配和家具色彩的构成两个方面。

1）家具整体色彩的搭配

家具的色彩设计很重要的是要有主色调，也就是应该有色彩的整体感。通常采取一色为主，其他色为辅，突出主色调的方法。常见的家具色调有调和色和对比色两类，若选用调和色为主色调，则可获得宁静、安详和柔和的效果；若以对比色为主色调，则可获得明快、活跃、富于生气的效果。但无论使用哪一种色调，都要使它具有统一感。既可以在大面积的调和色中加入少量对比色作为点缀，以获得和谐但不平淡的视觉效果；也可以在对比色中穿插一些中性色，使得对比色显得更加和谐。所以，在处理家具色彩的问题上，多采取对比与调和两者并用的方法，但要有主次，以获得统一中有变化、变化中求统一的整体效果。

①调和色调设计。调和色调设计包括单色相设计和相似色调设计两种基本方法。单色相设计是以一个色相作为家具色彩的主色调，配以明度和纯度的变化，适当加入不同材质和图案的调剂，能够创造出充满单纯而特殊的色彩韵味。相似色调设计是选用色相环上互相接近的色调作为主色调，并用明度和纯度的变化配合，适当加入无彩色加强其表现力，使得色彩组合在统一中又富有变化（图2-29）。调和色彩是目前深受大众所喜欢的色调组合之一，一般在庄重、高雅场合中使用的家具需强调调和。

图2-29　家具的调和色彩

②对比色调设计。对比色调包括互补色调、分离互补色调和双重互补色调三种。互补色调是指采用在色相环上处于相对位置的两种色彩作为主色调，如红与绿、黄与紫、蓝与橙等，利用对比作用获得鲜明色彩感。分离互补色调是指在色相环中采用对比色中相邻的两色，组成三个颜色的对比色调。从对

比的角度来看，它的对比性比互补色调略小，但统一性和变化性较大。这种基于对比和谐的色彩搭配，具有强烈而丰富的视觉效果，主要应用于轻快、活泼场合的家具。双重互补色调是指在色相环中选择两组相对位置的颜色，同时运用两组对比色的色调。较前几种色调对比，双重互补色调更具有鲜明强烈、华丽多彩的特征。使用时应注意两种对比色的主次，使用一定的技巧，可以使整个家具色彩耀眼但不混乱，也主要适用于大型动态活动空间的家具。

③无彩色调设计。无彩色调主要指黑、白、灰组成的色调，是一种高级和吸引人的色调。无彩色没有彩度，且不属于色相环，但在色彩组合搭配时常成为基本色调之一，与任何色彩都可以配合，在家具中颇为适用。

这里需要特别强调的是，色彩在家具上的应用除了考虑上述因素外，还需结合环境、光照、制造工艺、材质质感等因素。

2）家具色彩的构成

家具色彩的来源主要有材料固有色，家具表面涂饰色，人造板贴面装饰色，金属、塑料、玻璃的现代工业色及软体家具的皮革、布艺色等。

①材料固有色。家具的色彩依附于材质来展示，木材、竹、藤等的天然成色无须人工雕琢，色泽均润丰富，纹理千变万化，色调不瘟不火，给人稳固、安全的视觉感受。

在今天，木材仍然是现代家具的主要用材。木材作为一种天然材料，它的固有色成为体现天然材质肌理的最好媒介。木材种类繁多，其固有色也十分丰富，有淡雅、细腻的，也有深沉、粗犷的，但总体呈现温馨宜人的暖色调。在家具应用上常用透明的涂饰以保护木材固有色和天然的纹理。木材固有色与环境、人类自然和谐，给人以亲切、温柔、高雅的情调，因此受到人们的喜爱。

②家具表面涂饰色。木质家具大多需要进行表面涂饰：一方面保护家具，避免大气、光照的影响，延长其使用寿命；另一方面家具油漆在色彩上起着重要的美化装饰作用。

家具涂饰的方法按照基材纹理显现程度可分为三类：一是透明涂饰，显露木材固有色和天然纹理，一般用于名贵木材或优质阔叶材的家具。二是半透明涂饰，对于一些纹理漂亮但固有色不适合，或是低档的木材，通过处理成所需色彩即可呈现高档木材的外观特征，一般浅色木材作深色效果较好。三是不透明涂饰，即将家具本身材料的固有色完全覆盖。油漆色彩的冷暖、明度、彩度、色相极其丰富，可根据设计需要任意选择和调色。在低档木材家具、一般金属家具、人造板材家具上使用较多，常受到青年和儿童的喜欢。

③人造板贴面装饰色。随着人类环境意识的提高，在现代家具制造中，往往大量使用人造板材。因此，人造板贴面材料的色彩成为现代家具的重要装饰色彩（图2-30）。人造板贴面材料及其装饰色彩非常丰富，有天然薄木贴面，也有仿真印刷的纸质贴面，还有各色PVC面板贴面。这些贴面人造板对现代家具的色彩及装饰效果起着重要作用，在设计上可供选择和应用的范围很广，也很方便，主要根据设计与

图2-30　人造板贴面装饰色

图2-31　现代工业色

装饰的需要选配成品，不需要自己调色。

④金属、塑料、玻璃的现代工业色。现代大工业标准化批量生产的金属、塑料、玻璃家具充分体现了现代家具的时代色彩（图2-31）。金属的电镀工艺、不锈钢的抛光工艺、铝合金静电喷涂工艺所产生的独特的金属光泽，塑料的鲜艳色彩，玻璃的晶莹透明，这几类现代工业材料已经成为现代家具制造中不可缺少的部件和色彩来源。

图2-32　家具材料的工业色

⑤软体家具的皮革、布艺色。软体家具包括软椅、沙发、床背、床垫等，往往在现代室内空间中占有较大面积。因此，软体家具的皮革、布艺等覆面材料的色彩与图案在家具与室内环境中起到非常重要的作用。特别是随着布艺在家具中使用的逐步流行，现代纺织工业所生产的布艺种类及色彩极其丰富（图2-32），为现代软体家具增加了越来越多的时尚流行色彩，是现代家具设计师非常需要值得注意和选配的装饰色彩和用料。

除了上述家具的色彩应用外，家具的色彩设计还必须考虑家具与室内环境的整体氛围。家具的色彩不是孤立的，不是一件或一组成套家具，家具与室内空间环境是一个整体的空间，所以家具色彩应与室内整体的环境色调和谐统一。家具与墙面、地面、地毯、窗帘、布艺，与空间环境用途（办公、居家、餐饮、旅馆、商业……）都有密不可分的关系。设计单体或成套家具的色彩必须把家具所处的建筑空间环境的色调综合起来考虑，处理室内环境色彩的一般原则是"大调和，小对比"，墙面、天花和地面所组成的背景色在室内占有较大面积，能衬托室内一切的物体，对家具、织物等具有重要的衬托作用。

总之，家具的色彩设计必须和室内环境及其使用功能作整体统一考虑。

（2）家具色彩设计的原则

1）协调化

不同色调会使人产生不同的心理感受，家具色彩设计要充分体现物与物之间的协调关系，提高使用时的工作效率、生活中的舒适感，减少疲劳，并且有益于使用者的身心健康。

2）个性化

不同年龄、性格、职业、文化层次、生活习惯等的人对色彩都有不同的偏好，家具色彩设计要根据不同使用群体进行色彩设计（图2-33）。

一般来说，青年人喜好明亮度高、对比强烈的色彩，如蓝色、黄色、橙色、粉红色；中年人倾向于沉着丰富的色彩；老年人对色彩的爱好趋向老成、庄重、稳定。文化素养较高和大部分脑力劳动者偏爱调和、素雅、温柔、深沉的冷色调；司机、炼钢工人偏爱淡雅的冷色调；医生偏爱暖色调和对比色调。性格活泼、热情、朝气蓬勃的人喜欢跳跃的暖色、对比色和艳丽的色调；理智、深沉、性格内向的人喜欢调和、稳重的色调……

3）不同的文化内涵

国家、地区、民族以及宗教信仰的不同，使得对色彩有不同的喜好与禁忌。许多国家的民族喜欢绿色，而法国和比利时人却憎恶绿色；很多国家都认为白色象征纯洁和神圣，而摩洛哥人忌用白色，在他们眼中白色意味着贫困，一无所有。

进行家具色彩设计要充分考虑色彩的文化内涵：一方面可以利用色彩的象征意义形成具有象征性的色彩美；另一方面要防止把属于特定文化环境下的色彩用到人文背景不同的区域。

图2-33　家具的织物色

4）使用环境

　　家具需要在环境中被使用，使用环境性质不同，对家具色彩有不同的要求。如文化性环境中的家具，色彩宜明净高雅，与其文化品位相辉映；居室家具，色彩设计应舒适、安宁，追求协调一致，宜选择恬淡柔和的暖色调；商业环境中的家具，正如商业行业品类繁多一样，其色彩环境需多式多样，造型个性化；办公环境中的家具色彩则不要太艳丽，要相对稳重；娱乐环境中的家具，其色彩关系会比较跳跃和刺激（图2-34）。

图2-34　不同使用环境对家具色彩的要求

图 2-35 大自然色彩的启示

5）流行色

家具色彩具有较强的时尚性，不同的时代，人们对色彩的喜爱有不同的倾向性。家具色彩设计必须考虑流行色的因素，满足人们追求"新"的心理需求，也符合当时人们普遍的色彩审美观念。

（3）家具色彩创新设计的启示

1）来自大自然的色彩启示

我们要善于从大自然中发现色彩美，并在家具设计中加以应用（图2-35）。

2）其他艺术色彩的启示

关注其他设计领域动向，可以从其他艺术作品中寻找色彩设计灵感，把握流行趋势，并将其应用于家具设计中（图2-36、图2-37）。

图2-36 民族家具设计（夏雪黎设计 郭颖艳、方桃指导）

图2-37 服饰色彩对家具色彩的启示

2.2.8 装　饰

根据人们对家具的审美要求，对家具形体进行"美化"，就称为家具装饰。家具装饰在某种程度上赋予了家具的艺术意义，装饰能够增强家具的艺术效果，好的装饰能加强人们对家具产品的印象，增强产品的美感，丰富家具产品的品种类型，"家具的艺术在很大程度上就是装饰的艺术"。

家具装饰形式多样。从装饰部位上讲，可以对家具整体进行装饰，也可以对家具局部、零部件进行装饰；从装饰目的上讲，有功能性装饰、非功能性装饰；从装饰手法上讲，有涂饰、雕刻、镶嵌等多种方法。

图2-38　家具表面薄木拼花贴面

（1）涂饰

涂饰是将家具涂料涂布于家具表面的一种装饰形式。

涂饰的目的是保护家具和对家具进行装饰。保护家具是涂饰的主要目的。对于木质家具而言，涂饰可以保持家具表面洁净，能使木（质）纤维与空气、水分、其他化学物质隔绝，从而避免木材开裂、变形、变色、腐朽、虫蛀、干缩湿胀，保护木材经久不变质。对于金属家具而言，涂饰可以让空气、化学物质与家具表面隔绝，从而避免腐蚀。除保护家具以外，通过涂饰还可以对家具进行装饰，改变家具表面肌理，使其有特殊效果。

图2-39　家具表面印刷木纹纸贴面

（2）家具表面贴面装饰

贴面装饰是将薄型材料覆盖在家具基材表面，从而改变家具表面品质的一种装饰方法。

现代家具常用的贴面装饰类型主要有薄木贴面、印刷装饰纸贴面、装饰板贴面和其他一些材料贴面。

薄木贴面是将以木材为原料，采用特殊加工方法制成的薄木贴于人造板或直接贴于被装饰的家具表面（图2-38）。

印刷装饰纸贴面，即用印有木纹或其他图案的装饰纸贴于家具基材表面，然后对表面进行涂饰处理（图2-39）。

装饰板贴面，即用各种装饰板材覆盖在家具表面，如三聚氰胺树脂装饰板、浸渍纸板、防火板、有机玻璃板、塑料板等（图2-40）。

图2-40　家具表面为三聚氰胺树脂装饰板

图2-41 竹薄木贴面装饰

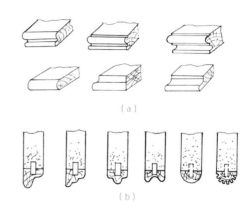

（a）

（b）

图2-42 家具的装饰线脚示意图

其他材料贴面，即用织物、皮革、竹薄木、金属薄板等装饰性好的材料贴面（图2-41）。

（3）线脚装饰

家具线脚是家具形态中一种特殊的线型，在板式部件的端面、线与面、面与体等部位的过渡处常常以各种特殊线型出现，这些线型的主要作用是装饰。家具上装饰线脚有的是在零部件上直接加工而成，如图2-42（a）所示；有的是采用定制好的装饰线脚零件将其安装在家具的适当部位，如图2-42（b）所示。

图2-43 家具的线脚装饰

顶板、面板、旁板等部件的边沿处于家具外表显眼位置，其线型是否美观，直接影响家具的美观性，是家具艺术处理的重要部位之一。一般来说，顶、面板的正面与侧面边沿位置最显眼，其线型应十分美观，不但复杂得多，而且变化无穷。旁板的前沿线型，位置最显眼，一般比顶、面板的更讲究。因柜底板的位置很低，不是显眼处，不太注目，故其线型可比顶板的简单些，以降低生产成本；同时，运用对比的手法，使顶（面）板的线型显得更美（图2-43）。

（4）各种艺术装饰

所谓艺术装饰是将其他艺术形式用于家具装饰中，如雕刻、绘画等。

雕刻：一种传统的手工艺，按雕刻方法可分为线雕、平雕、圆雕、透雕等（图2-44）。

图2-44 家具中的雕刻装饰

图2-45　模塑件装饰

图2-46　家具中的镶嵌装饰

模塑件装饰：用可塑性材料经过模塑加工得到具有装饰效果的零部件，将这些零部件用于家具制造，取得具有装饰性的形态效果（图2-45）。

镶嵌：将木块、木条、兽骨、金属、玉石等稀有珍贵材料加工成型，如仿花草、摹风景等。在家具基材表面刻好与镶嵌件相对应的沟槽和图案，然后再将这些镶嵌件嵌粘到已刻好的家具基材上（图2-46）。

烙花：将电烙铁加热到150℃以上，用绘画的笔法在木材表面进行烫烙，或者将具有一定图案形状的金属件加热后直接烫印在家具表面。由于木材炭化颜色变深，可得到所需的图案效果（图2-47）。

绘画：以家具为基体，在家具上绘画的装饰手法。个性化家具、儿童家具、艺术家具、民间家具中多常见（图2-48）。

镀金和描金：将家具零部件进行镀金处理，再安装在家具上，或者直接在家具零部件表面进行描金处理（图2-49）。

（5）其他装饰

五金件装饰：五金件在家具中一般作为功能件，因为五金件在材料类别、色泽、肌理等方面与家具基材不同，而且五金件具有自身的形状，所以常常又作为装饰件。常用的家具五金件有玻璃、拉手、铰链、角花、锁牌、泡钉等（图2-50）。

　图2-47　家具中的烙花装饰

图2-48　家具中的绘画装饰

图2-49　家具中的描金装饰

图2-50　五金作装饰

软包织物装饰：家具中与人体接触的部分采用软体时，使用起来比较舒服；又因为除软体家具外，大部分家具都是用硬质基材制造而成，为了强调与家具基材的对比，在家具局部常采用软体结构（图2-51）。

标志和图案：各种标志、图案粘贴在家具表面，可以赋予家具特殊的意义或良好的现代感。例如，在儿童家具表面粘贴各种人物和动物的卡通图片，可显得生动、活泼；在简洁的家具形体中饰以各种现代标志，可令其酷感倍增。

灯光等现代科技手段：在现代装饰手法中，光、色成为最主要的装饰要素。在家具造型中，办公家具、民用客厅家具、酒柜、床等家具类型常采用灯光装饰。将灯具巧妙地安插在家具形体中，在需要的时候通电，可发出夺目的光彩（图2-52）。

图2-51　软包装饰

图2-52　家具的灯光装饰

家具造型的形式美法则

在现代社会中，家具已经成为艺术与技术相结合的产物，家具与纯造型艺术的界线正在模糊。艺术领域在美感的追求和美的物化等方面并无根本的不同，而且在形式美的构成要素上有着一系列通用的法则。这是因为，人类在长期的生产与艺术实践中，从自然美和艺术美中概括、提炼出来的艺术处理法则适用于所有的艺术创作手法，要设计创造出一件美的家具，就必须掌握艺术造型的形式美法则。研究造型的形式美学法则，是为了提高设计师对美的创造能力和对形式变化的敏感度，以便创造出更多美观的家具产品。由于家具既具有民族性、地域性、社会性，又有它自己鲜明的个性特点，同时还受到功能、材料、结构、工艺等因素的制约，每个设计师都需要按照自己的体验、感受去灵活、创造性地应用。

家具造型设计的形式美法则主要有统一与变化、对称与均衡、比例与尺度、重复与韵律、模拟与仿生、稳定与轻巧等。

2.3.1　统一与变化

统一与变化是适用于各种艺术创作的一个普遍法则。在艺术造型中，从变化中求统一、统一中求变化，力求变化与统一得到完美的结合，使设计作品的表现变得丰富多彩，是家具造型设计中贯穿一切的基本准则。

统一是指性质相同或形状类似的物体放在一起，造成一种一致或趋于一致的视觉感受；而变化则是指由性质相异和形状不同的物体放在一起，造成对比的感觉。统一产生和谐、宁静、井然有序的美感，但过分统一就会使人感到贫乏、呆板和单调乏味。变化则产生刺激、新奇、活泼的生动感觉，但变化过多又会造成杂乱无序的感觉。统一与变化是矛盾的两个方面，它们既相互排斥又相互依存，只有做到了变化与统一的结合，家具才能给人以美感。统一是在家具系列设计中要整体和谐，形成主要基调与风格；变化是在整体造型元素中寻找差异性，使家具造型更加生动、鲜明、富有趣味。统一是前提，变化是在统一中求变化。

（1）统一

在家具造型设计中，主要运用协调、主从、呼应等手法来达到统一的效果。

①协调。

风格特征的协调：通过某种特定的零部件或造型装饰元素，使家具间产生某种联系。

线的协调：运用家具造型的线条，如以直线、曲线为主达到造型线的协调（图2-53）。

图2-53　线的协调

图2-55 材质色彩的协调

图2-54 形的协调

形的协调：构成家具的各部件外形相似或相同（图2-54）。

色彩的协调：色彩、纯度、色相、明度的相似，材质肌理的相互协调（图2-55）。

②主从。任何一件家具均可分为主要部分和从属部分，即使是组合家具也可分出主体和从属体。在进行造型设计时，应从主要部位入手（如柜类家具的正立面、椅子的座面和靠背等），运用家具中次要部位对主要部位的从属来烘托主要部分，突出主体，形成统一感。

③呼应。家具中的呼应关系主要体现在线条、构件和细部装饰上的呼应。在必要和可能的条件下，可运用相同或相似的线条、构件和装饰图案在造型中重复出现，以取得整体的联系和呼应（图2-56）。

图2-56 系列家具中的呼应

（2）变化

统一中求变化就是在统一的基础上，在不破坏整体感觉的前提下力求表现出丰富多彩的效果，以避免由于统一造成的单调、贫乏和呆板（图2-57）。

图2-57 家具中的统一与变化

家具在空间、形状、线条、色彩、材质等各方面都存在差异，在造型设计中，恰当地利用这些差异，就能在整体风格的统一中求变化，变化是家具造型设计的重要法则之一。对比是统一中求变化的重要手段，可以取得强烈的视觉冲击，大多数造型要素都存在着对比因素，如：

线条——长与短、曲与直、粗与细、横与竖。

形状——大与小、方与圆、宽与窄、凹与凸。

色彩——冷与暖、明与暗、灰与纯。

肌理——光滑与粗糙、透明与不透明、软与硬。

形体——开与闭、疏与密、虚与实、大与小、轻与重。

方向——高与低、垂直与水平、垂直与倾斜。

艺术风格——中西结合、传统与现代。

一个好的家具造型设计，会处处体现造型上的对比与和谐，在具体设计中，许多要素是组合在一起综合应用的，以取得完美的造型效果。

图2-58　家具造型形态的左右对称

2.3.2　对称与均衡

家具是由不同材料构成的实体，具有一定的体量感。在家具造型设计中必须处理好家具体量感方面的对称与均衡关系。

对称是指整体中各个部分通过相互对应以达到空间和谐布局的形式表现方法，是一种普遍存在的形式美，是保持物体外观量感均衡，达到形式上均等、稳定的一种美学法则。

对称与均衡的形式美，通常是以等形等量或等量不等形的状态，依中轴或依支点出现的形式。对称具有端庄、严肃、稳定、统一的效果；均衡具有生动、活泼、变化的效果。

在家具造型上最普通的手法就是以对称的形式安排形体，对称的形式很多，在家具造型上常用的有以下三类。

图2-59　家具外形轮廓不变，局部构件变化

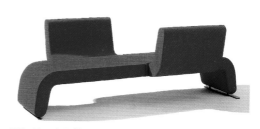

图2-60　家具构图的轴对称

①镜面对称：最简单的对称形式，它是基于几何图形两半相互反照的对称。同形、同量、同色的绝对对称（图2-58）。

②相对对称：对称轴线两侧物体外形、尺寸相同，但内部分割、色彩、材质肌理有所不同。相对对称有时没有明显的对称轴线（图2-59）。

③轴对称：是围绕相应的对称轴用旋转图形的方法取得。它可以是三条、四条、五条、六条中轴线，作多面均齐式对称，在活动转轴家具中多用这种方法（图2-60）。

形体对称的构图给人一种规律、洁净、稳定而有条理的感觉，但同时又可能带来呆板的感受。为打破这种可能的单调感，常常采用动态均衡的构图手法。动态均衡是指造型中心轴的两侧在外形、尺寸上不同，但它们让人在视觉和心理上感觉平衡。在家具造型中，我们采用均衡的设计手法，使家具造型具有更多的可变性与灵活性。在进行设计时，需要注意的是，除了家具本身形体的平衡外，由于家具处在特定的建筑空间环境中，因而家具与电器、灯具、书画、绿化、陈设等的配置也是取得整体视觉平衡效果的重要手法。动态均衡的设计手法在现代客厅组合柜的设计中经常被采用（图2-61）。

2.3.3 比例与尺度

对于家具造型设计而言，必须要有合适的比例和合理的尺度，这既是功能的要求，也是形式美最基本的原则之一。

任何形状的物体都具有长、宽、高三维方向的度量，将家具各方向度量之间的关系及家具的局部与整体之间形式美的关系称为比例。家具造型的比例包含两个方面的内容：一是家具与家具之间的比例，需要注意建筑空间中家具的长、宽、高之间的尺寸关系，体现整体协调高低参差、错落有序的视觉效果；二是家具整体与局部、局部与部件的比例，需要注意家具本身的比例关系和彼此之间的尺寸关系。比例匀称的造型，能产生优美的视觉效果与完善功能的统一，是家具形式美的关键因素之一。

和比例关系密切相关的家具特性是尺度。家具设计中的尺度是以人体尺寸作为度量标准而对产品尺寸进行的衡量，用以表示设计对象体量的大小同其自身用途相适应的程度。在造型设计中，单纯的形式本身不存在尺度，整体的结构纯几何形状也不能体现尺度单位，只有在导入某种尺度单位或在与人们熟悉的其他因素发生关系的情况下，才能产生尺度的感觉。如画一长方形，它本身没有尺度感，在此长方形中加上某种关系，或是人们所熟悉的带有尺寸概念的物体，该长方形的尺度概念就产生了。如在长方形中加一玻璃门，加上门把手，就形成一扇门，或者将长方形分割成一橱柜，该长方形的尺度感就会被人感知。

图2-61　家具造型中均衡的设计手法

对于家具设计而言，最好的度量单位是人体尺度，因为家具是以人为本，为人所用，其尺度必须以人体尺度为准。用人的尺度来衡量家具的尺度是家具设计中最常用的手法（图2-62）。

　图2-62　与人有关的家具尺度

图2-63 与物有关的家具尺度

图2-64 与空间有关的家具尺度

图2-65 法官椅

除了与人有关的家具尺度外，还需要注意与物体有关的家具尺度，如书柜是用来放书的，设计时就必须充分考虑书本的长宽尺寸（图2-63）；与空间有关的家具尺度，小户型使用的普通家具尺度肯定比豪华别墅使用的家具尺度小（图2-64）；最后就是特殊功能的家具尺度，如法院法官的座椅设计，为体现其威严，靠背的体量往往比普通座椅大（图2-65）。

图2-66 重复韵律

影响家具造型中比例的因素很多，如家具的功能、家具的材料、家具的结构及工艺条件、不同地区和民族的不同生活环境和生活习惯及某些社会思想和宗教意识的影响等。家具设计师在进行造型设计时，只有正确地处理和协调好这些关系，才能获得家具形体的完美与和谐。

2.3.4 重复与韵律

重复与韵律是自然界事物变化的现象和规律。人们在认识大自然的过程中总结和体会出的重复和韵律美感，成为人们在艺术创作实践中被广泛应用的形式美法则。重复是产生韵律的条件，韵律是重复的艺术效果；韵律具有变化的特征，而重复则具有统一的效果。

图2-67 渐变韵律

家具造型中，重复是指相同或相似的构成单元作规律性的逐次排列，主要通过家具构件的排列、家具装饰手法的重复和单件家具组合形成；韵律的产生主要是通过某种图形、线条、形体、单体与组合有规律地不断重复呈现或有组织地重复变化，韵律是获得节奏美感的重要设计手法之一。形成产品韵律的方式和手段：功能构件的重复排列和交替出现；雕刻装饰图案的连续和重复；木纹拼花的交错，织物条纹的配合；应用家具形体各部分有规律地增减或重复。

常见的韵律形式有重复韵律、渐变韵律、起伏韵律和交错韵律。

图2-68　起伏韵律

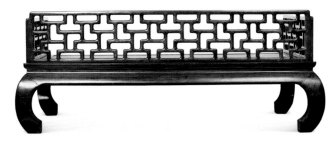

图2-69　交错韵律

重复韵律：是由一个或几个单位，按一定距离连续重复排列而成。在家具设计中可以利用构件的排列取得连续的韵律感（图2-66），如椅子的靠背、橱柜的拉手、家具的格栅等。

渐变韵律：在连续重复排列中，对该元素的形态作有规则的逐渐增长或减少，这样就产生渐变韵律（图2-67），如在家具造型设计中常见的成组套几或有渐变序列的橱柜。

起伏韵律：将渐变的韵律加以高低起伏的重复，则形成波浪式起伏的韵律，产生较强的节奏感（图2-68）。

交错韵律：各组成部分连续重复的元素按一定规律相互穿插或交错排列所产生的一种韵律（图2-69）。在家具造型中，中国传统家具的博古架、竹藤家具中的编织花纹及木纹拼花、地板排列等，都是现代家具韵律美的体现。

2.3.5　模拟与仿生

模拟与仿生是指人们在造型设计中，借助于自然界中生物形象、事物形态进行创作设计的一种方法。现代家具造型设计在遵循人体工学原则的前提下，运用模拟与仿生的手法，借助于自然界的某种形体或生物的某些原理和特征，结合家具的具体造型与功能，创造性的设计与提炼，是现代家具造型的重要手法。模拟与仿生的共同之处在于模仿，模拟主要是模仿某种事物的形象和暗示某种思想情绪；仿生的重点是模仿某种自然物合理存在的原理，用以改进产品的性能，同时以此丰富产品的造型形象。

图2-70　构件上的模拟

图2-71　整体造型的模拟

（1）模拟

　　模拟是较为直接地模仿自然形象来进行家具的造型设计手法，是一种比喻和比拟，是事物意象之间的折射、寄寓、暗示与模仿，并与一定自然形态的美好形象联想有关。在家具造型设计中，常见的模拟与联想的造型手法有以下三种。

　　一是构件上的模拟，如桌椅的腿脚、椅子的扶手等处（图2-70）。

　　二是整体造型的模拟，家具自然形象的塑造，有具象模拟、抽象模拟之分（图2-71）。

　　三是结合家具的功能对部件进行图案或形体的简单加工，一般以儿童家具为多（图2-72）。

图2-72　简单加工的模拟

（2）仿生

　　仿生学是生命科学与工程技术科学互相渗透、彼此结合的一门新兴学科。仿生学的设计是从生物学的现存形态受到启发，在原理方面进行深入研究，然后在理解的基础上进行联想，并应用于产品设计的结构与形态，开创了现代设计的新领域。例如办公椅的"海星脚"设计，就是源于对海洋生物海星的模仿。这种结构的座椅，不仅可以旋转和在任意方向移动自如，还特别稳定，人体重心向任意一个方向都不会倾覆（图2-73）；充气家具是设计师采纳了某些生命体中具有充气功能的形态设计的（图2-74）；壳体家具是利用生物的壳体结构具有非凡的抵抗外力能力这一原理设计而成的（图2-75）；板式材料中的蜂窝板材，其结构是源于蜂房奇异的六面体结构，不仅质量小，而且强度很高（图2-76）；舒适的座椅靠背设计，是以人体脊柱骨骼结构和形状为研究对象设计而成的，诸如此类的例子举不胜举。

图2-73　海星脚椅

图2-74　充气家具

图2-75　壳体家具

图2-76　蜂窝家具

在进行家具设计时，模拟与仿生造型手法的使用，应该是取其意象，而不应过分追求形式，并且不能滥用，要根据功能、材料工艺、环境要求恰当地运用，功能要放在第一位。设计方法是手段，并不是目的，最终的目标是创造一件功能合理、造型优美的家具产品。

2.3.6　稳定与轻巧

稳定和轻巧是家具构图的法则之一，也是家具形式美的构成要素之一。

（1）稳定

稳定是指物体上下之间的轻重关系在大体的视觉、知觉上达到平衡。稳定的基本条件是指物体的重心必须在物的支撑面以内，且重心越低，越靠近支撑面的中心部位，则其稳定性越好。

稳定有物理稳定和视觉稳定。由于家具的"双重性"特征，这两种稳定对于家具来说都是至关重要的。一般情况下，在使用中稳定的家具，在视觉上也是稳定的。通常来说，家具在实际使用中有两种可能发生倾倒的情况：一是上部分构件超越了它的基础，当超越部分受到一定重力时可能发生倾倒；二是在侧向推力作用下，当重心超越其基础轮廓范围时，也会发生倾倒。因此在家具设计时，应尽量采取措施加强家具的稳定能力。如在结构上，可把家具的脚设计成向外伸展或靠近轮廓边缘范围，底部大一点、体量重一点，上部小一点、轻一点。在视觉效果上：一是根据实际经验使其具有底面积大且重心低的特点；二是在线条应用上，采用具有稳定性的线条（水平线）；三是在体量的位置处理上，采用上虚下实的位置配置；四是在色彩应用上，下部用深色加强视觉稳定效果。

（2）轻巧

轻巧是指物体上下之间的大小关系经过配置，使人产生的视觉与心理上的轻松愉悦感，即在满足"物理稳定"的前提下，用设计创造的方法，使造型给人以轻盈、灵巧的视觉感受。

在设计上轻巧的实现手法：提高重心（采用垂直线），缩小底部支撑面积，作内敛或架空处理，适当运用曲线、曲面等；同时，还可以在色彩和装饰设计中采用提高色彩明度，利用材质给人以心理上的联想，或者采用上置装饰线脚等方法来获得轻巧的感觉。

（3）稳定与轻巧在家具设计的应用

在家具造型设计时，要处理好稳定与轻巧的关系，应结合产品的功能进行综合考虑。

①重心高低。通常情况下，重心较高的物体给人以轻巧感，而重心较低的物体则给人以稳定的感觉。

②底面积大小。底面积大的形态具有较强的稳定感，而底面积小的形态则具有轻巧感。所以，在设计时，在视觉上要获得稳定，按实际使用经验和形式美法则，可使其具有底面积大、重心低的特点；在视觉上要获得轻巧的效果，则可以提高重心位置（垂直线），加大上部体量和缩小底面积。

③色彩组合。一般来说，深色给人以视觉力和重量感，浅色则给人以轻快感。同一色相，明度越低，其重量感也越大。因此，家具上部用浅色下部用深色，可以增强稳定感；家具上部用深色下部用浅色，可以给人轻巧感。

④分割方式。进行家具设计时，往往要有色彩、材质、装饰线等对家具进行分割，有时是根据功能需要进行分割设计；有时则是为了造型需要，将大面积或大体量产品分割成几个部分，使产品具有轻巧、生动的视觉效果。

⑤材料质地。不同质地的材料，在体量上能产生不同的心理感受。表面粗糙、无光泽的材料较表面光滑、有光泽的材质具有更大的重量感。此外，木材、板材等密度较高的材料具有重量感，在造型设计时应注意形态轻巧感的塑造；而对于密度较低的塑料、有机玻璃等材料，在造型时应注意稳定感的创造。

⑥虚实。虚体一般具有轻巧和多变的性格。家具造型时，采用上虚下实的构图可以形成稳定的视觉效果，而采用上实下虚可以形成轻巧的视觉效果。

项目训练——家具创意构思与草图表达

项目名称	项目一：单体家具创意设计
	项目二：系列家具产品创意设计
训练目标	学会正确运用家具造型的形式美学法则，将不同的构成要素合理地进行组合，设计出具有良好外观形式的单体家具；掌握家具手绘表现技巧；注重系列家具产品之间的协调性及不同类型家具之间的造型呼应关系
训练内容和方法	利用制图工具，绘制5款单体家具造型
	利用制图工具，绘制一套系列家具产品造型
考核标准	是否足额完成；造型是否新颖、美观；色彩选择是否恰当；透视是否准确；手绘表现技巧是否正确；不同家具产品造型之间是否呼应

学习评判

一级指标	二级指标	评价内容	分值	自评	互评	教师	企业专家	客户
工作能力	小组协作能力	为小组设计提供信息的能力	10					
	实践操作能力	家具造型设计方案制订能力	10					
		家具造型草图设计能力	10					
		家具造型设计方案展示能力	10					
	表达能力	能正确地组织和传达工作任务的内容	10					
	设计与创新能力	能设计出符合大众审美的家具造型	10					
		能设计出独具创意的家具造型	10					
家具作品设计	职业岗位能力	创新性、科学性、实用性	10					
		解决客户的实际需求问题	10					
		客户满意度	10					
总分			100					
个人小结								

模块 3

家具人机分析与功能设计

知识目标

通过本模块的学习，使学生了解人体工程学与家具功能设计的关系；掌握家具功能设计的注意事项；熟悉常用家具的设计尺寸。

家具的服务对象是人，设计与生产的每一件家具都是由人使用的。因此，家具设计的首要因素是符合人的生理机能和满足人的心理情感。家具的功能设计是家具设计的设计要素之一。功能对家具的结构和造型起着主导和决定性的作用，功能决定着家具造型的基础形式，是设计的基础。

能力目标

通过家具测绘，了解人体工程学与家具功能设计的关系，掌握家具功能设计的注意事项，掌握家具的设计尺寸，理解人体工程学知识在家具设计中的应用。

素质目标

（1）培养同学间团队协作能力；
（2）汇报文件写作规范性；
（3）在设计中践行实事求是的科学精神。

课件

3.1

人体工程学与
家具功能设计的关系

3.1.1　人体工程学在家具功能设计中的作用

（1）确定家具的最优尺寸

人体工程学的重要内容是人体测量，包括人体各部位的基本尺寸、人体肢体活动尺寸等。它为家具设计提供精确的设计依据，科学地确定家具的最优尺寸，更好地满足对家具使用时的舒适、方便、健康、安全等要求。同时，也便于家具的批量化生产。

（2）为设计整体家具提供依据

设计整体家具时，要根据环境空间的大小、形状以及人的数量和活动性质来确定家具的数量和尺寸。家具设计师要通过学习人体工程学的知识，综合考虑人与家具及室内环境的关系并进行整体系统设计，这样才能充分发挥家具的总体使用效果。

3.1.2　人体生理机能与家具

（1）人体基本知识

人体是由骨骼系统、肌肉系统、消化系统、血液循环系统、呼吸系统、泌尿系统、生殖系统、内分泌系统、神经系统、感觉系统等组成的，其中，骨骼是人体的支架，是家具设计测定人体比例、人体尺度的基本依据。要使家具适应人体活动及承托人体动作的姿态，就必须研究人体各种姿态下的骨关节转动与家具的关系。

①骨骼系统。骨骼是人体的支架，是家具设计测定人体比例、人体尺度的基本依据（图3-1）。骨骼中骨与骨的连接处为关节，人体通过不同类型和形状的关节进行屈伸、内收外展、回旋等各种不同的动作和运动，由这些局部的动作组合而形成人体的

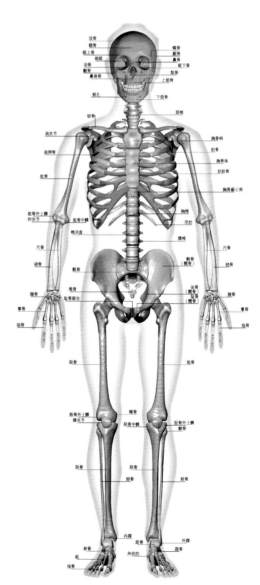

图3-1　人体骨骼

各种姿态。

②肌肉系统。肌肉的收缩和舒展支配着骨骼和关节的运动。在人体保持一种姿态不变的情况下，肌肉因长期处于紧张状态，极易产生疲劳。因此，人们需要经常变换活动的姿态，使各部分的肌肉得以轮换休息。供人们休息的家具，就能够松弛肌肉，减少或消除肌肉的疲劳。因此，在家具设计中，特别是坐卧类家具设计，要研究家具与人体肌肉承压面的关系。

③神经系统。人体各个器官系统的活动都是在神经系统的支配下，通过神经体液调节实现的。神经系统的主要部分是脑和脊髓，它和人体各个部分发生紧密的联系，以反射为基本活动方式，调节人体的各种活动。

④感觉系统。激发神经系统，起支配人体活动作用的是人的感觉系统。人们通过眼、耳、皮肤、鼻、口舌等感觉器官，产生视觉、听觉、触觉、嗅觉、味觉等感觉，再把感觉系统所接受到的各种信息、刺激传达到大脑中枢，从而产生感觉意识。最后由大脑发出指令，由神经系统传递到肌肉系统，产生反射式的行为活动，如晚间睡眠在床上仰卧时间过久后肌肉受压，通过触觉传递信息后作出反射性的行为活动——翻身侧卧。

（2）人体基本动作

人体的动作形态是相当复杂而又变化万千的，从坐、卧、立、蹲、跳、旋转、行走等都会显示出不同形态所具有的不同尺度和不同的空间需求（图3-2）。从家具设计的角度来看，合理地依据人体一定姿态下的肌肉、骨骼的结构来设计家具，能调整人的体力损耗、减少肌肉的疲劳，从而极大地提高动作效率。因此，在家具设计中，对人体动作形态的研究显得十分必要。与家具设计密切相关的人体动作形态主要是立、坐、卧。

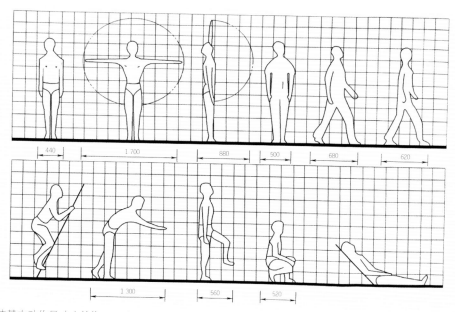

图3-2　人体基本动作尺寸（单位：mm）

①立。人体站立是一种最基本的自然姿态，由骨骼和无数关节支撑而成。当人直立进行各种活动时，由于人体的骨骼结构和肌肉运动处在变换和调节状态中，所以人们可以做较大幅度的活动和开展较长时间的工作。如果人体活动长期处于单一的行为和动作，其一部分关节和肌肉长期处于紧张状态，就极易感到疲劳。人体在站立活动中，活动变化最小的应属腰椎及其附属的肌肉部分。因此，人的腰部最易感到疲劳，这就需要人们经常活动腰部和改变站姿。

②坐。人体的躯干结构支撑上部身体重量和保护内脏不受压迫，当人体站立过久时，就需要坐下来休息。因此，就需要辅以依靠适当的坐平面和靠背倾斜面，使人体骨骼、肌肉在人坐下来时能获得合理的松弛状态。为此，人们设计了各类坐具以满足坐姿状态下的各种使用功能（图3-3）。另外，人们的活动和工作也有相当大的部分是坐着进行的。因此，需要更多地研究人坐着活动时骨骼和肌肉的关系。

③卧。不管立和坐，人的脊椎骨骼和肌肉总是受到压迫和处于一定的收缩状态，卧的姿态，才能使脊椎骨骼的受压状态得到真正的松弛，从而得到最好的休息。因此，从人体骨骼与肌肉结构的观点来看，卧不能看作站立姿态的横倒。当人处于卧与坐的动作姿态时，其腰部与脊椎的形态位置是完全不一样的，站立时基本上是自然"S"形，而仰卧时接近于直线。因此，只有把卧作为特殊的动作形态来认识，才能真正理解卧的意义和掌握好卧具（床）的功能设计。

（3）人体尺寸

人体尺寸是家具功能设计最基本的依据。人体尺寸可分为构造尺寸和功能尺寸。构造尺寸是指静态的人体尺寸，对与人体有直接关系的物体有较大关系，如家具、服装和设备等，主要为各种家具、设备提供数据。

功能尺寸是指动态的人体尺寸，是人在进行某种功能活动时肢体所能达到的空间范围。

（4）家具功能类型

家具功能合理很主要的一个方面，就是如何使家具的基本尺度适应人体静态或动态的各种姿势变化，而这些姿势和活动无非是靠人体的移动、站立、坐靠、躺卧等一系列的动作连续协同而完成的。

由人体活动及相关的姿态，人们设计生产了相应的家具，根据家具与人和物之间的关系，可以将家具划分成以下3类。

①坐卧类家具。与人体直接接触，起着支撑人体活动的家具，如椅、凳、沙发、床、榻等。其主要功能是适应人的工作或休息（图3-4）。

②凭倚类家具。与人体活动有着密切关系，起着辅助人体活动、供人凭倚或伏案工作并可贮存或陈放物品的家具，如桌、台、几、案、柜台等。其主要功能是满足和适应人在站、坐时所必须的辅助平面高度或兼作存放空间之用。

③贮存类家具。与人体产生间接关系，起着贮存或陈放各类物品以及兼作分隔空间作用的家具，如橱、柜、架、箱等。

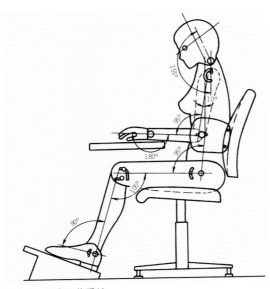

图3-3 坐姿工作系统

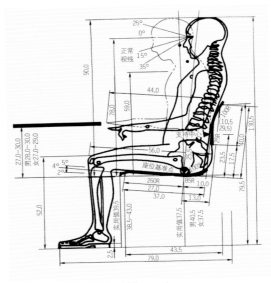

图3-4 座椅几何尺寸（单位：cm）

坐具类家具的功能设计

坐与卧是人们日常生活中最多的动作姿态，如工作、学习、用餐、休息等都是在坐卧状态下进行的。因此，椅、凳、沙发、床等坐卧类家具的作用就显得特别重要。

按照人们日常生活的行为，人体动作姿态可以归纳为从立姿到卧姿的八种不同姿势（图3-5）。其中有四个基本形态适用于工作形态的家具，另有四个基本形态适用于休息形态的家具。

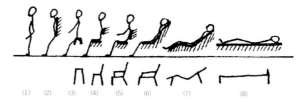

（1）立姿；（2）立姿并倚靠某一物体；（3）坐凳状态，可作制图、读书等使用的小型椅子；（4）座面、靠背支撑着人体，可作一般性工作、用餐；（5）较舒适的姿势，椅子有扶手，用于用餐、读书等；（6）很舒适的姿势，属沙发类的休息用椅；（7）躺状休息用椅；（8）完全休息状态用床、机器操作等

图3-5　人体各种姿势与坐卧家具类型

坐卧类家具的基本功能是使人们坐得舒服、睡得安宁、减少疲劳和提高工作效率。其中，最关键的是减少疲劳。在进行家具设计时，应通过对人体的尺度、骨骼和肌肉关系的研究，保证设计的家具在支撑人体动作时，将人体的疲劳度降到最低状态，也就能得到最舒服、最安宁的感觉，同时也可保持最高的工作效率。

在设计坐卧类家具时，必须考虑人体生理结构特点，使骨骼、肌肉系统保持合理状态，血液循环与神经组织不过分受压，尽量设法减少和消除产生疲劳的各种因素。

3.2.1　坐具的基本尺度与要求

（1）工作用坐具

一般工作用坐具的主要品种有凳、靠背椅、扶手椅、圈椅等，既可用于工作，又有利于休息。工作用椅可分为作业用椅、轻型作业椅、办公椅和会议椅等。

①座高。座高是指座面与地面的垂直距离。椅座面常向后倾斜或做成凹形曲面，通常以座面前缘至地面的垂直距离作为椅座高。

对于有靠背的座椅，椅面的不同高度是影响坐姿舒服与否的重要因素。椅座面过高，两足不能落地，时间久了，血液循环不畅，肌腱就会发胀而麻木。椅座面过低，则大腿碰不到椅面，体压分布就过于集中，人体形成前屈姿态，从而增大了背部肌肉负荷；同时，人体的重心也低，所形成的力距也大，这样使人体起立时感到困难（图3-6）。因此，适宜的座高应当等于小腿窝高加25～35 mm鞋跟高后，再减10～20 mm活动距离为宜。

图3-6　座面高度示意图

②座深。座深主要是指座面的前沿至后沿的距离。它对人体舒适度影响也很大，如座面过深，则会使腰部的支撑点悬空，导致起立困难（图3-7）。因此，座面深度要适度，通常座深小于人座姿时大腿水平长度，使坐面前沿离开小腿有一定的距离，以保证小腿的活动自由（图3-8）。一般来说，选用380～420 mm的座深是适宜的。对于普通工作椅，在正常就座情况下，由于腰椎到骨盆之间接近垂直状态，其座深可以浅一点，而对于一些倾斜度较大、专供休息的靠椅，因坐时人体腰椎到骨盆也呈倾斜状态，所以座深就要略加深，也可将座面与靠背连成一个曲面。

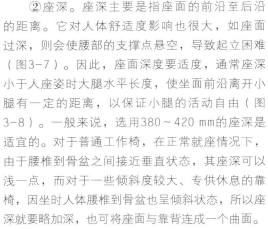

图3-7　人体与座面深度

③座宽。根据人的坐姿及动作，椅子的座面往往呈前宽后窄，椅子的前沿宽度称为座前宽，后沿宽度称为座后宽。一般靠背椅座宽大于380 mm就可以满足使用功能的需要；扶手椅一般不小于460 mm，其上限尺寸应兼顾功能和造型需要，如就餐用的椅子，因人在就餐时活动量较大，则可适当宽些。座宽以自然垂臂的舒适姿态下的肩宽为准。

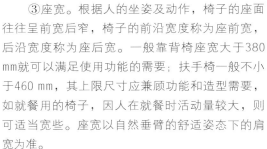

图3-8　座面深度不适宜

④座面曲度。人坐在椅、凳上时，座面的曲度或形状也直接影响体压的分布，从而引起就座感觉的变化。设计时应注意尽量使腿部的受压降低到最低程度，椅座面宜选用半软稍硬的材料，座面前后也可略显微曲形或平坦形，这有利于肌肉的松弛和便于做起坐动作。

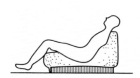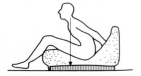

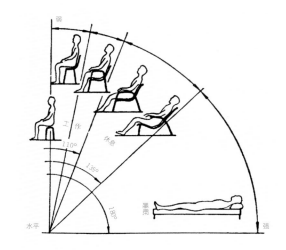

图3-9　椅座角度与不同的休息姿势

⑤座面倾斜度。一般座椅的坐面是采用向后倾斜的，后倾角度以3°～5°为宜。但对工作用椅来说，水平座面要比后倾斜座面好一些。因为人体在工作时重心落于原点之前，能提高效率。因此，一般工作用椅的座面以水平为好，甚至也可考虑椅面向前倾斜，如通常使用的绘图凳面是前倾的。一般情况下，在一定范围内，后倾角越大，休息性越强。但也不是没有限度的，尤其是对于老年人使用的椅子，倾角不能太大，倾角太大会使老年人在起坐时感到吃力。

⑥椅靠背。人若笔直地坐着，躯干得不到支撑，背部肌肉也就显得紧张，渐呈疲劳现象。椅靠背的作用就是使躯干得到充分的支撑，肩靠应低于肩胛骨，以肩胛的内角碰不到椅背为宜；腰靠应低于腰椎上沿，支撑点位置以位于上腰凹部最为合适。

（2）休息用坐具

休息用坐具的主要品种有躺椅、沙发、摇椅等。它的主要用途是把人体的疲劳状态减至最低程度，使人获得舒适、满意的效果。因此，对于休息用椅的尺度、角度、靠背支撑点、材料的弹性等的设计要给予精心考虑。

①座高与座宽。椅座前缘的高度应略小于膝窝到脚跟的垂直距离。休息用椅的座高宜取330～380 mm较为合适（不包括材料的弹性余量）。若采用较厚的软质材料，应以弹性下沉的极限作为尺度准则。座面宽一般在430～450 mm以上。

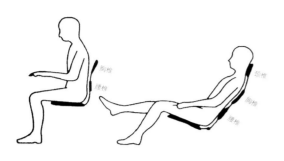

图3-10 椅夹角与支撑点

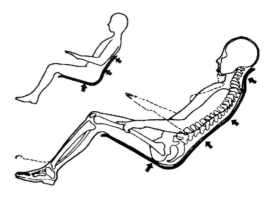

图3-11 椅曲线与人体

②座倾角与椅夹角。座面的后倾角以及座面与靠背之间的夹角（椅夹角或靠背夹角）是设计休息用椅的关键，随着人体不同休息姿势的改变，座面后倾角及其与靠背的夹角还有一定的关联性，靠背夹角越大，座面后倾角也就越大（图3-9）。一般情况下，在一定范围内，倾角越大，休息性越强，但也不是没有限度的，尤其是对于老年人使用的椅子，倾角不能太大，因为会使老年人在起坐时感到吃力。

图3-12 靠背不适例

通常认为沙发类坐具的座倾角以4°~7°为宜，靠背夹角（斜度）以106°~112°为宜；躺椅的座倾角可6°~15°，靠背夹角可达112°~120°。随着座面与靠背夹角的增大，靠背的支撑点就必须分别增加到2~3个，即第2与第9胸椎（即肩胛骨下沿）两处，高背休息椅和躺椅还须增高至头部的颈椎。其中以腰椎的支撑最重要（图3-10）。

③座深。轻便沙发的座深可为480~500 mm；中型沙发为500~530 mm就比较合适；至于大型沙发可视室内环境作适当放大。

④椅曲线。休息用椅的椅曲线是椅座面、靠背面与人体坐姿时相应的支撑曲面（图3-11）。按照人体坐姿舒适的曲线来合理确定和设计休息用椅及其椅曲线，可以使腰部得到充分的支撑，同时也减轻了肩胛骨的受压。但要注意托腰（腰靠）部的接触面宜宽不宜窄，托腰的高度以185~250 mm较合适。一般肩靠处曲率半径为400~500 mm，腰靠处曲率半径为300 mm。但过于弯曲会使人感到不舒适，易产生疲感（图3-12）。靠背宽一般为350~480 mm。

⑤弹性。休息用椅软垫的用材及其弹性的配合也是一个不可忽视的问题。弹性是人对材料坐压的软硬程度或材料被人坐压时的返回度。休息椅用软垫材料可以增加舒适感，但软硬应有适度。一般来说，小沙发的座面下沉在70 mm左右合适，大沙发的座面下沉应在80~120 mm合适。为了获得合理的体压分布，有利于肌肉的松弛和便于起坐动作，靠背应比座面软一些（图3-13）。

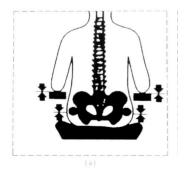

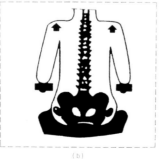

图3-13 坐垫的软硬及压力分布改变

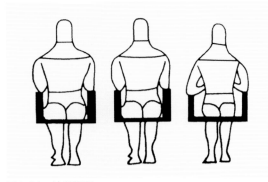

图3-14 扶手间距

在靠背的做法上，腰部宜硬点，而背部则要软些。设计时应以弹性体下沉后的安定姿势为尺度计核依据。通常靠背的上部弹性压缩应在30～45 mm，托腰部的弹性压缩宜小于35 mm。休息椅的座面与靠背，也可采用藤皮、革带、织带等材料来编织，具有相当舒适的弹性。

⑥扶手。休息用椅常设扶手，可减轻两肩、背部和上肢肌肉的疲劳，获取舒适的休息效果。根据人体自然屈臂的肘高与座面的距离，扶手的实际高度应在200～250 mm（设计时应减去座面下沉度）为宜。两臂自然屈伸的扶手间距净宽应略大于肩宽，一般应不小于460 mm，以520～560 mm为宜，过宽或过窄都会增加肌肉的活动度，产生肩酸疲劳的现象（图3-14）。

扶手也可随座面与靠背的夹角变化而略有倾斜，有助于提高舒适效果，通常可取为10°～20°的角度。扶手外展以小于10°的角度范围为宜。扶手的弹性处理不宜过软，只在人起立时起到助力作用。但在设计时要注意扶手的触感效果，不宜采用导热性强的金属等材料，还要尽量避免见棱见角的细部处理。图3-15至图3-18是各种休息用椅的基本尺寸。

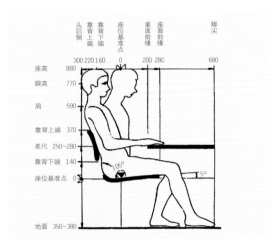

图3-15 轻度作业用椅的尺寸（单位：mm）

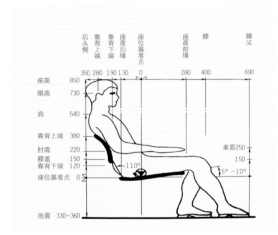

图3-16 一般休息用椅的尺度（单位：mm）

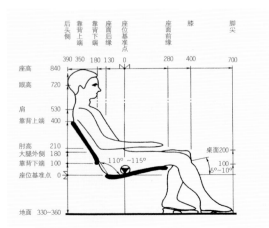

图3-17 休息用椅的尺度图（单位：mm）

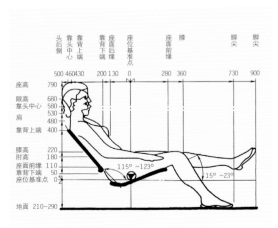

图3-18 有靠头和足凳的休息用椅的尺度（单位：mm）

3.2.2 坐具的主要尺寸

坐具的主要尺寸包括座高、座面宽、座前宽、座深、扶手高、扶手内宽、背长、座倾角、背倾角等尺寸，以及为满足使用要求所涉及的一些内部分隔尺寸，这些尺寸在相应的国家标准中已有规定。本节除列有规定尺寸外，也提供了一些尺寸供读者设计时参考。

座高与桌面高的配型尺寸关系如图3-19和表3-1所示。

（1）椅类家具主要尺寸

普通椅子基本尺寸如图3-20至图3-22，表3-2至表3-4所示。

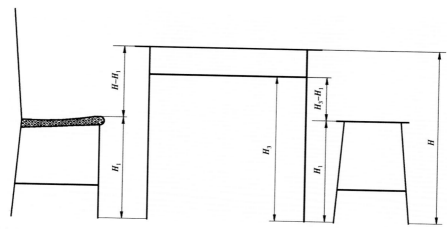

图3-19 座高与桌面高配合高差示意图

表3-1 桌面高、座高、配合高差

（单位：mm）

桌面高 H	座高 H_1	桌面与椅凳座面配合高差 $H - H_1$	中间净空高与椅凳座面配合高差 $H_3 - H_1$	中间净空高 H_3
680～760	400～440 软面的最大座高 460（包括下沉量）	250～320	≥200	≥580

注： 当有特殊要求或合同要求时，各类尺寸由供需双方在合同中明示,不受此限。

（摘自GB／T 3326—2016）

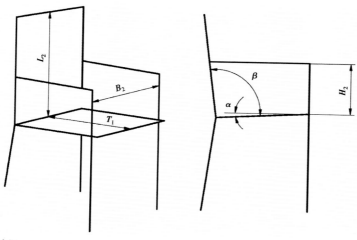

图3-20 扶手椅尺寸示意图

表3-2　扶手椅尺寸

扶手内宽 B_2	座深 T_1	扶手高 H_2	背长 L_2	座倾角 α	背倾角 β
≥480 mm	400~480 mm	200~250 mm	≥350 mm	1°～4°	95°～100°
注： 当有特殊要求或合同要求时，各类尺寸由供需双方在合同中明示，不受此限。					

（摘自GB／T 3326—2016）

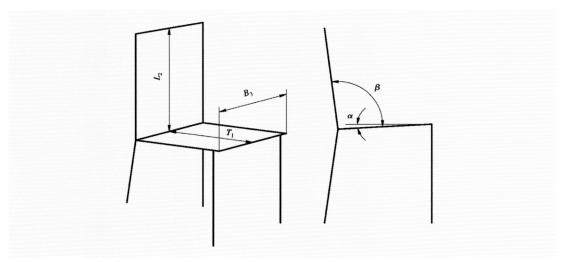

图3-21　靠背椅尺寸示意图

表3-3　靠背椅尺寸

座前宽 B_3	座深 T_1	背长[a] L_2	座倾角 α	背倾角 β
≥400 mm	340~460 mm	≥350 mm	1°～4°	95°～100°
注： 当有特殊要求或合同要求时，各类尺寸由供需双方在合同中明示,不受此限。				

（摘自GB／T 3326—2016）

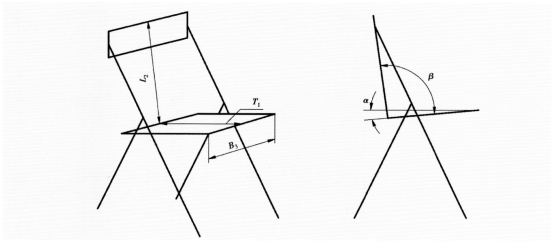

图3-22　折叠椅尺寸示意图

表3-4　折叠椅尺寸

座前宽 B_3	座深 T_1	背长 L_2	座倾角 α	背倾角 β
340~420 mm	340~440 mm	≥350 mm	3°～5°	100°～110°
注：当有特殊要求或合同要求时，各类尺寸由供需双方在合同中明示，不受此限。				

（摘自GB／T 3326—2016）

（2）凳类家具主要尺寸

普通凳类家具基本尺寸如图3-23至图3-25，表3-5和表3-6所示。

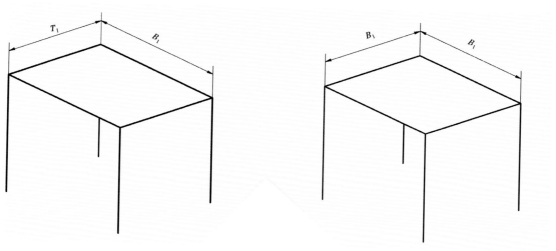

图3-23　长方凳尺寸示意图

方凳尺寸示意图

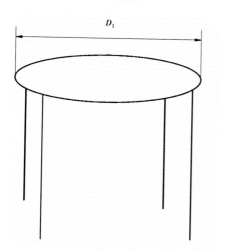

图3-25　圆凳尺寸示意图

表3-5　长方凳尺寸

（单位：mm）

凳面宽 B_1	凳面深 T_1
≥320	≥240
注：当有特殊要求或合同要求时，各类尺寸由供需双方在合同中明示，不受此限。	

（摘自GB／T 3326—2016）

表3-6　方凳、圆凳尺寸

（单位：mm）

项目	凳面宽（或凳面直径）B_1（或D_1）
尺寸	≥300

注： 当有特殊要求或合同要求时，该尺寸由供需双方在合同中明示，不受此限。

（摘自GB／T 3326—2016）

（3）沙发类家具主要尺寸

沙发类家具基本尺寸如图3-26和表3-7所示。

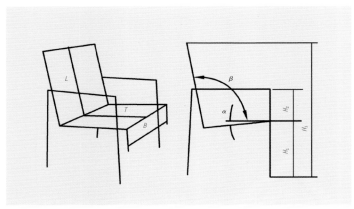

图3-26　沙发尺寸的标注

表3-7　沙发的基本尺寸

沙发类	坐前宽 B	坐深 T	坐前高 H_1	扶手高 H_2	背高 H_3	背长 L	背斜角 β	坐斜角 α
单人沙发	≥480 mm	480～600 mm	360～420 mm	≤250 mm	≥600 mm	≥300 mm	106°～112°	5°～7°
双人沙发	≥320 mm							
三人沙发	≥320 mm							

（摘自QB／T 1952.1—1999）

卧具类家具的功能设计

3.3.1 卧具的基本尺度与要求

卧具主要是床和床垫类家具的总称。卧具是供人睡眠休息的，使人躺在床上能舒适地尽快入睡，以消除每天的疲劳，便于恢复工作精力和体力。所以，床及床垫的使用功能必须注重考虑床与人体的关系，着眼于床的尺度与床面（床垫）弹性结构的综合设计。

（1）睡眠的生理需要

睡眠是每个人每天都会进行的一种生理过程。每个人的一生中大约有1/3的时间在睡眠中，而睡眠又是人为了更好地、有更充沛的精力进行各种活动的基本休息方式。因而与睡眠直接相关的卧具的设计，也主要是指床的设计，就显得非常重要。

（2）床面（床垫）的材料

床是否能消除人的疲劳（或者引起疲劳），除了合理的尺度之外，主要取决于床或床垫的软硬度能否适应支撑人体卧姿处于最佳状态的条件。

床或床垫的软硬舒适程度与体压的分布直接相关，体压分布均匀的较好，反之则不好。床面过硬，压力分布不均匀，会造成局部的血液循环不好、肌肉受力不适等；床面太软，由于重力作用，腰部会下沉，造成腰椎曲线变直，背部和腰部肌肉受力，从而产生不适感觉，进而直接影响睡眠质量（图3-27）。床面或床垫通常是用不同材料搭配而成的三层结构，上层是与人体接触的面层采用柔软材料，中层则可采用硬一点的材料，最下一层是承受压力的部分，用稍软的弹性材料（弹簧）起缓冲作用。

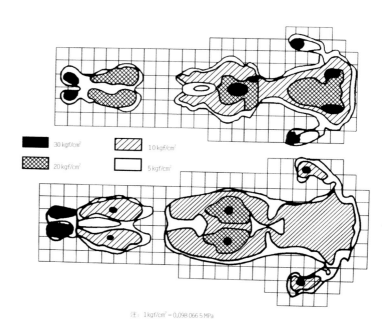

30 kgf/cm² 10 kgf/cm²

20 kgf/cm² 5 kgf/cm²

注：1 kgf/cm² ≈ 0.098 066 5 MPa

图3-27 床垫软硬不同的压力分布

3.3.2　卧具的主要尺寸

卧具的主要尺寸包括床面长、床面宽、床面高或底层床面高、层间净高，以及为满足安全使用要求所涉及的一些栏板尺寸。这些尺寸在相应的国家标准中已有规定。本节除列有规定尺寸外，也提供了一些尺寸供读者设计时参考。

单层床主要尺寸如图3-28、图3-29，表3-8所示。

双层床主要尺寸如图3-30和表3-9所示。

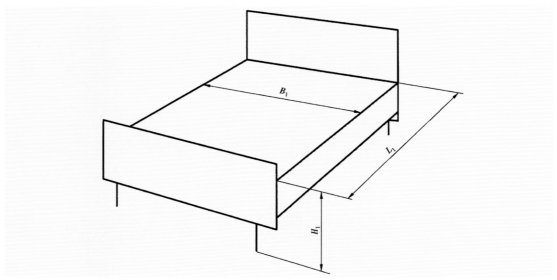

图3-28　单层床主要尺寸示意图

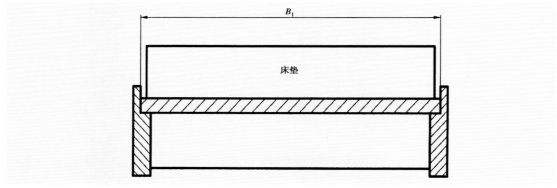

图3-29　嵌垫式床床铺面尺寸示意图

表3-8　单层床主要尺寸

（单位：mm）

床铺面长 L_1		床铺面宽[a] B_1		床铺面高 H_1
嵌垫式	非嵌垫式			不放置床垫（褥）
1 920~2 220	1 900~2 200	单人床	700~1 200	≤450
		双人床	1 350~2 000	
注：当有特殊要求或合同要求时，各类尺寸由供需双方在合同中明示，不受此限。				
[a]　嵌垫式床的床铺面宽应增加5~20，尺寸示意图见图2。				

（摘自GB／T　3328—2016）

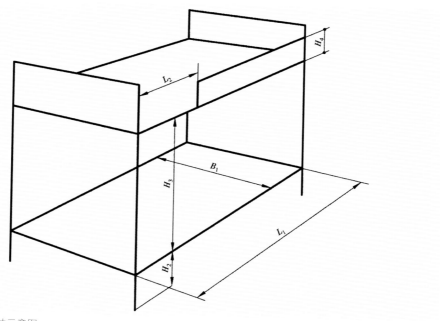

图3-30 双层床主要尺寸示意图

表3-9 双层床主要尺寸

（单位：mm）

床铺面长 L_1	床铺面宽 B_1	底床面高 H_2	层间净高		安全栏板缺口长度 L_2	安全栏板高度 H_4	
		不放置床垫（褥）	放置床垫（褥）	不放置床垫（褥）		放置床垫（褥）	不放置床垫（褥）
1 920~2 020	800~1 520	≤450	≥1 150	≥980	≤600	床褥上表面到安全栏板的顶边距离应不少于200	安全栏板的顶边与床铺面的上表面应不小于300
注：当有特殊要求或合同要求时，各类尺寸由供需双方在合同中明示，不受此限。							

（摘自GB／T 3328—2016）

凭倚类家具的功能设计

凭倚类家具是人们工作和生活所必需的辅助性家具。为适应各种不同的用途，出现了餐桌、写字桌、课桌、制图桌、梳妆台、茶几和炕桌等；另外，还有为站立活动而设置的售货柜台、账台、讲台、陈列台和各种工作台、操作台等。

这类家具的基本功能是适应人在坐、立状态下，进行各种操作活动时，取得相应舒适而方便的辅助条件，兼作放置或贮存物品之用。因此，它与人体动作产生直接的尺度关系。一类是以人坐下时的坐骨支撑点（通常称椅座高）作为尺度的基准，如写字桌、阅览桌、餐桌等，统称为坐式用桌；另一类是以人站立的脚后跟（即地面）作为尺度的基准，如讲台、营业台、售货柜台等，统称站立用桌。

3.4.1 坐式用桌的基本尺度与要求

（1）桌面高度

桌子的高度与人体动作时肌体形状及疲劳有密切的关系。经实验测试，过高的桌子容易造成脊椎侧弯和眼睛近视等，从而使工作效率减退；另外，桌子过高还会引起耸肩和肘低于桌面等不正确姿势，从而引起肌肉紧张、疲劳。桌子过低会使人体脊椎弯曲扩大，易使人驼背、腹部受压，妨碍呼吸运动和血液循环等，背肌的紧张也易引起疲劳。因此，舒适和正确的桌高应该与椅座高保持一定的尺度配合关系，而这种高差始终是按人体坐高的比例设计的（图3-31）。所以，设计桌高的合理方法是应先有椅座高，然后再加上桌面和椅面的高差尺寸，便可确定桌高，即桌高 = 座高 + 桌椅高差（约1/3座高）。

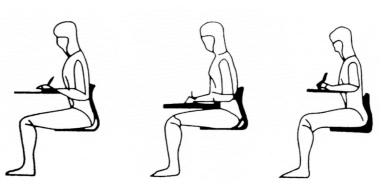

图3-31　桌子的高度

由于桌子不可能定人定型生产，因此在实际设计桌面高度时，要根据不同的使用特点酌情增减。如设计中餐桌时，要考虑端碗吃饭的进餐方式，餐桌可略高一点；设计西餐桌时，就要讲究用刀叉的进餐方式，餐桌就可低一点；如果是设计适于盘腿而坐的炕桌，一般多采用320～350 mm的高度；若设计与沙发等休息椅配套的茶几，可取略低于椅扶手高的尺度。

倘若因工作内容、性质或设备的限制必须使桌面增高，则可以通过加高椅座或升降椅面高度，并设足垫来弥补这个缺陷，使得足垫与桌面之间的距离和椅座与桌面之间的高差保持正常高度，桌高范围在680～760 mm。

（2）桌面尺寸

桌面的尺寸应以人坐时手可达到的水平工作范围为基本依据，并考虑桌面可能置放物的性质及其尺寸大小。如果是多功能的或工作时尚需配备其他物品时，则还应在桌面上加设附加装置。双人平行或双人对坐形式的桌子，桌面的尺度应考虑双人的动作幅度互不影响（一般可用屏风隔开），对坐时还要考虑适当加宽桌面，以符合对话中的卫生要求等。总之，要依据手的水平与竖向的活动幅度来考虑桌面的尺寸（图3-32）。

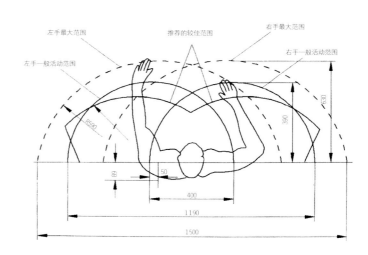

图3-32　手的水平活动幅度（单位：mm）

至于阅览桌、课桌等的桌面，最好应有约15°的斜坡，能使人获取舒适的视域。因为当视线向下倾斜60°时，则视线倾斜桌面接近90°，文字在视网膜上的清晰度就高，既便于书写，又使背部保持着较为正常的姿势，减少了弯腰与低头的动作，从而减轻了背部的肌肉紧张和酸痛现象。但在倾斜的桌面上往往不宜陈放东西，所以不常采用。

对于餐桌、会议桌之类的家具，应以人体占用桌边缘的宽度去考虑桌面的尺寸，舒适的宽度是按600～700 mm来计算的，通常也可减缩到550～580 mm。各类多人用桌的桌面尺寸就是按此标准核计的。

（3）桌下净空

为保证下肢能在桌下放置与活动，桌面下的净空高度应高于双腿交叉时的膝高，并使膝部有一定的上下活动余地。所以，抽屉底板不能太低，桌面至抽屉底的距离应不超过桌椅高差的1／2，即120～160 mm。因此，桌子抽屉的下缘离开椅坐面至少应有178 mm的净空，净空的宽度和深度应保证双腿的自由活动和伸展。

（4）桌面色泽

在人的静视野范围内，桌面色泽处理的好坏，会使人的心理、生理感受产生很大的反应，也对工作效率起着一定作用。通常认为桌面不宜采用鲜明色，因为易使人视力不集中；同时，鲜明色调往往随照明程度的亮暗而有所增退。当光照高时，色明度将增加0.5～1倍，这样极易使视觉过早疲劳。而且，过于光亮的桌面，由于多种反射角度的影响，极易产生眩光，刺激眼睛，影响视力。此外，桌面经常与手接触，若采用导热性强的材料做桌面，易使人感到不适，如玻璃、金属材料等。

3.4.2 站立用桌的基本尺度与要求

站立用桌或工作台主要包括售货柜台、营业柜台、讲台、服务台、陈列台、厨房低柜洗台以及其他各种工作台等。

（1）台面高度

站立用工作台的高度是根据人站立时自然屈臂的肘高来确定的。按我国人体的平均身高，工作台高以910～965 mm为宜；对于要适当用力的工作而言，台面可稍降低20～50 mm（图3-33）。

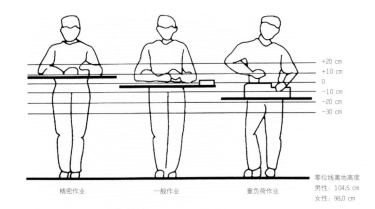

图3-33　站姿工作面高度与作业性质的关系

（2）台下净空

站立用工作台的下部，不需要留腿部活动的空间，通常是作为收藏物品的柜体来处理。但在底部需有置足的凹进空间，一般内凹高度为80 mm、深度为50～100 mm，以适应人紧靠工作台时着力动作之需，否则，难以借助双臂之力进行操作。

（3）台面尺寸

站立用工作台的台面尺寸主要由所需的表面尺寸、表面放置物品状况、室内空间和布置形式而定，没有统一的规定，视不同的使用功能做专门设计。至于营业柜台的设计，通常是兼采写字台和工作台两者的基本要求进行综合设计的。

3.4.3 凭倚类家具的主要尺寸

桌台、几案等凭倚类家具的主要尺寸包括桌面高、桌面宽、桌面直径、桌面深、中间净空宽、侧柜抽屉内宽、柜脚净空高、镜子下沿离地面高、镜子上沿离地面高以及为满足使用要求所涉及的一些内部分隔尺寸，这些尺寸在相应的国家标准中已有规定。本节除列有规定尺寸外，也提供了一些尺寸供读者设计时参考。

（1）带柜桌

单柜桌（或写字台）基本尺寸如图3-34和表3-10所示。

双柜桌基本尺寸如图3-35和表3-11所示。

（2）单层桌

长方桌基本尺寸图3-36和表3-12所示。

方桌、圆桌基本尺寸如图3-37、图3-38和表3-13所示。

（3）梳妆桌

梳妆桌的基本尺寸如图3-39和表3-14所示。

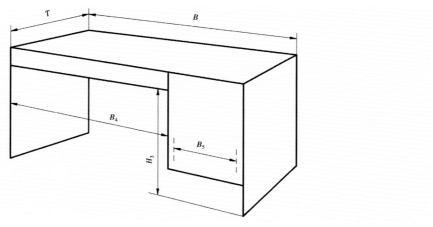

图3-34 单柜桌尺寸示意图

表3-10 单柜桌尺寸
（单位：mm）

桌面宽 B	桌面深 T	中间净空高 H_3	中间净空宽 B_4	侧柜抽屉内宽 B_5
900~1 500	500~750	≥580	≥520	≥230
注： 当有特殊要求或合同要求时，各类尺寸由供需双方在合同中明示，不受此限。				

（摘自GB／T 3326—2016）

表3-11 双柜桌尺寸
（单位：mm）

桌面宽 B	桌面深 T	中间净空高 H_3	中间净空宽 B_4	侧柜抽屉内宽 B_5
1 200~2 400	600~1 200	≥580	≥520	≥230
注： 当有特殊要求或合同要求时，各类尺寸由供需双方在合同中明示，不受此限。				

（摘自GB／T 3326—2016）

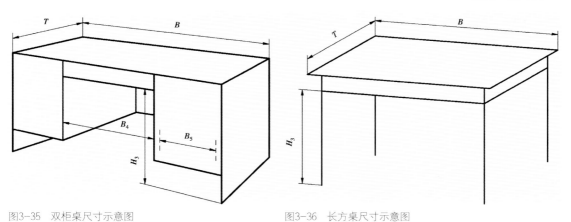

图3-35 双柜桌尺寸示意图　　　　　　　　图3-36 长方桌尺寸示意图

表3-12 长方桌尺寸
（单位：mm）

桌面宽 B	桌面深 T	中间净空高 H_3
≥600	≥400	≥580
注： 当有特殊要求或合同要求时，各类尺寸由供需双方在合同中明示，不受此限。		

（摘自GB／T 3326—2016）

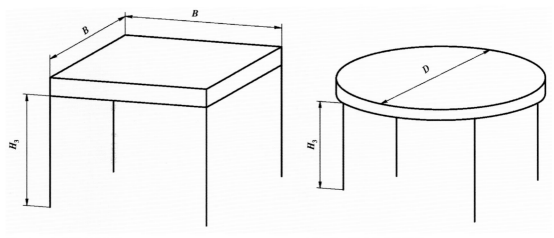

图3-37　方桌尺寸示意图　　　　　　　　　　　　　　　　　　　　图3-38　圆桌尺寸示意图

表3-13　方桌、圆桌尺寸

（单位：mm）

桌面宽（或桌面直径） B或（D）	中间净空高 H_3
≥600	≥580
注：当有特殊要求或合同要求时，各类尺寸由供需双方在合同中明示，不受此限。	

（摘自GB／T 3326—2016）

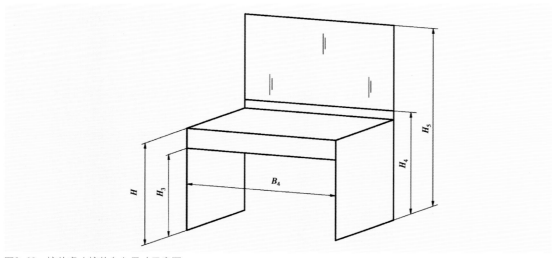

图3-39　梳妆桌（梳妆台）尺寸示意图

表3-14　梳妆桌（梳妆台）尺寸

（单位：mm）

桌面高 H	中间净空高 H_3	中间净空宽 B_4	镜子下沿离地面高 H_4	镜子上沿离地面高 H_5
≤740	≥580	≥500	≤1 000	≥1 400
注：当有特殊要求或合同要求时，各类尺寸由供需双方在合同中明示，不受此限。				

（摘自GB／T 3326—2016）

贮藏类家具的功能设计

贮藏类家具又称贮存类或贮存性家具，是收藏、整理日常生活中的器物、衣物、消费品、书籍等的家具。根据存放物品的不同，可分为柜类和架类两种不同贮存方式。柜类主要有大衣柜、小衣柜、壁橱、被褥柜、床头柜、书柜、玻璃柜、酒柜、菜柜、橱柜、各种组合柜、物品柜、陈列柜、货柜、工具柜等；架类主要有书架、餐具架、食品架、陈列架、装饰架、衣帽架和屏架等。

3.5.1 贮藏类家具的基本要求与尺度

贮藏类家具的功能设计必须考虑人与物两方面的关系：一方面要求贮存空间划分合理，方便人们存取，有利于减少人体疲劳；另一方面又要求家具贮存方式合理，贮存数量充分，满足存放条件。

（1）贮藏类家具与人体尺度的关系

人们日常生活用品的存放和整理，应依据人体操作活动的可能范围，并结合物品使用的繁简程度去考虑它存放的位置。为了正确确定柜、架、搁板的高度及合理分配空间，首先必须了解人体所能及的动作范围。这样，家具与人体就产生了间接的尺度关系。这个尺度关系是以人站立时，手臂的上下动作为幅度的，按方便的程度来说，可分为最佳幅度和一般可达极限（图3-40）。通常认为在以肩为轴、上肢为半径的范围内存放物品最方便，使用次数也最多，又是人的视线最易看到的视域。因此，常用的物品就存放在这个取用方便的区域，而不常用的东西则可以放在手所能达到的位置。同时，还必须按物品的使用性质、存放习惯和收藏形式进行有序放置，力求做到有条不紊、分类存放、各得其所。

①高度。贮藏类家具的高度，根据人存取方便的尺度来划分，可分为三个区域（图3-41）。第一区域为从地面至人站立时手臂下垂指尖的垂直距离，即650 mm以下的区域，该区域存贮不便，人必须蹲下操作，一般存放较重而不常用的物品（如箱子、鞋子等杂物）；第二区域为以人肩为轴，从垂手指尖至手臂向上伸展的距离（上肢半径活动的垂直范围），高度在650~1 850 mm，该区域是存取物品最方便、使用频率最多的区域，也是人的视线最易看到的视域，一般存放常用的物品（如应季衣物和日常生活用品等）；第三区域即柜体1 850 mm以上区域（超高空

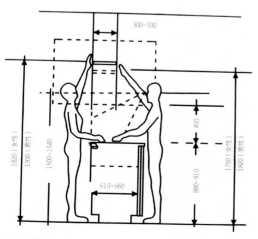

图3-40 人能够达到的最大尺度图（单位：mm）

间），一般可叠放柜、架，存放较轻的过季性物品（如棉被、棉衣等）。

在上述第一、第二贮存区域内，根据人体动作范围及贮存物品的种类，可以设置搁板、抽屉、挂衣棍等。在设置搁板时，搁板的深度和间距除考虑物品存放方式及物体的尺寸外，还需考虑人的视线，搁板间距越大，人的视域越好，但空间浪费较多，所以设计时要统筹安排（图3-42）。

对于固定的壁橱高度，通常是与室内净高一致；悬挂柜、架的高度还必须考虑柜、架下有一定的活动空间。

②宽度与深度。至于橱、柜、架等贮存类家具的宽度和深度，是根据存放的种类、数量、存放方式以及室内空间的布局等因素来确定，且在很大程度上还取决于人造板材的合理裁切与产品设计系列化、模数化的要求。一般柜体宽度常用800 mm为基本单元，深度上衣柜为550～600 mm、书柜为

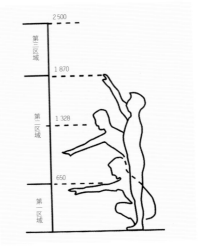

图3-41　柜类家具的尺度分区（单位：mm）

400～450 mm。这些尺寸是综合考虑贮存物的尺寸与制作时板材的出材率等的结果。

在设计贮藏类家具时，除考虑上述因素外，从建筑的整体来看，还需考虑柜类体量在室内的影响以及与室内要取得较好的视感。从单体家具看，过大的柜体与人的情感较疏远，在视觉上似如一道墙，体验不到它给我们使用上带来的亲切感。

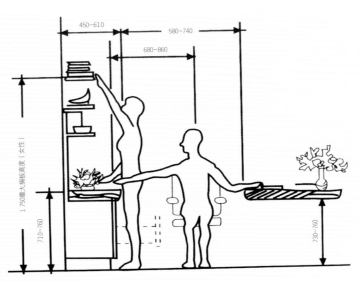

图3-42　柜类家具人体尺度（单位：mm）

（2）贮藏类家具与贮存物的关系

贮藏类家具除了考虑与人体尺度的关系外，还必须研究存放物品的类别、尺寸、数量与存放方式，这对确定贮存类家具的尺寸和形式有着重要作用。为了合理存放各种物品，必须找出各类存放物容积的最佳尺寸值。因此，在设计各种不同的存放用途的家具时，首先必须仔细地了解和掌握各类物品的常用基本规格尺寸，以便根据这些素材，分析物与物之间的关系，确定出合理、适用的尺度范围，以提高收藏物品的空间利用率。在设计时，既要根据物品的不同特点，考虑各方面的因素，区别对待；又要照顾家具制作时的可能条件，制定出尺寸方面的通用系列。

一个家庭中的生活用品极其丰富，从衣服、鞋帽到床上用品，从主副食品到烹饪器具、各类器皿，从书报期刊到文化娱乐用品，还有其他日杂用品。而且，洗衣机、电冰箱、电视机、组合音响、计算机

等家用电器也已成为家庭必备的设备。这么多的生活用品和设备，尺寸不一、形体各异，它们的陈放与贮存类家具有着密切的关系。因此，在设计贮藏类家具时，应力求使贮存物或设备做到有条不紊、分门别类地存放和组合设置，使室内空间取得整齐划一的效果，从而达到优化室内环境的作用。

除了存放物的规格尺寸之外，物品的存放量和存放方式对设计的合理性也有很大的影响。随着人民生活水平的不断提高，贮存物品种类和数量也在不断变化，存放物品的方式又因各地区、各民族的生活习惯不同而各有差异。因此，在设计时，还必须考虑各类物品的不同存放量和存放方式等因素，以保证各种贮藏类家具的贮存效能的合理性。

3.5.2 贮藏类家具的主要尺寸

针对贮藏物品的繁多种类、不同尺寸以及室内空间的限制，贮藏类家具不可能制作得如此琐细，只能分门别类地合理确定设计的尺度范围。根据我国国家标准的规定，柜类家具的主要尺寸包括外部的宽度、高度、深度尺寸以及为满足使用要求所涉及的一些内部分隔尺寸等。本节除列有贮藏类家具规定尺寸外，也提供了一些参考尺寸。

衣柜基本尺寸如图3-43和表3-15所示。

床头柜基本尺寸如图3-44和表3-16所示。

书柜基本尺寸如图3-45和表3-17所示。

文件柜基本尺寸如图3-46和表3-18所示。

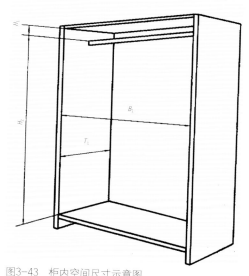

图3-43 柜内空间尺寸示意图

表3-15 柜内空间尺寸

（单位：mm）

柜内深		挂衣棍上沿至顶板内表面距离 H_1	挂衣棍上沿至地板内表面距离 H_2	
悬挂衣物柜内深T_1或宽B_1	折叠衣服柜内深T_1		适于挂长衣服	适于挂短衣服
≥530	≥450	≥40	≥1 400	≥900
注：当有特殊要求或合同要求时，各类尺寸由供需双方在合同中明示，不受此限。				

（摘自GB／T 3327—2016）

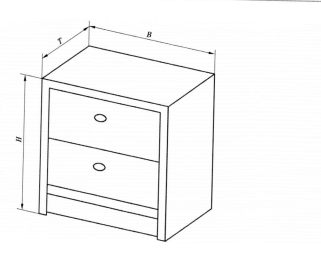

图3-44 床头柜尺寸示意图

表3-16　床头柜尺寸　　　　　　　　　　　　　　　　　（单位：mm）

柜体外形宽 B	柜体外形深 T	柜体外形高 H
400~600	300~450	450~760
注：当有特殊要求或合同要求时，各类尺寸由供需双方在合同中明示，不受此限。		

（摘自GB／T 3327—2016）

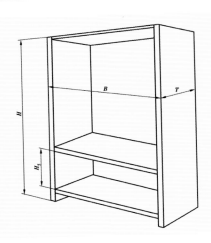

图3-45　书柜尺寸示意图

表3-17　书柜尺寸　　　　　　　　　　　　　　　　　（单位：mm）

项目	柜体外形宽 B	柜体外形深 T	柜体外形高 H	层间净高 H_5
尺寸	600~900	300~400	1 200~2 200	≥250
注：当有特殊要求或合同要求时，各类尺寸由供需双方在合同中明示，不受此限。				

（摘自GB／T 3327—2016）

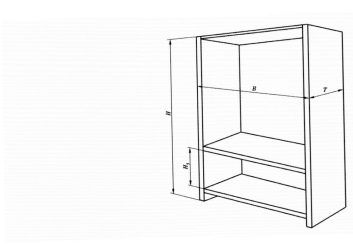

图3-46　文件柜尺寸示意图

表3-18　文件柜尺寸　　　　　　　　　　　　　　　　（单位：mm）

项目	柜体外形宽 B	柜体外形深 T	柜体外形高 H	层间净高 H_5
尺寸	450~1 050	400~450	（1）370~400 （2）700~1 200 （3）1 800~2 200	≥330
注：当有特殊要求或合同要求时，各类尺寸由供需双方在合同中明示，不受此限。				

（摘自GB／T 3327—2016）

项目训练——家具产品测绘

项目名称	项目一：测绘教室里自己的桌椅
	项目二：测绘学生寝室里的家具
训练目标	通过家具测绘，了解人体工程学与家具功能设计的关系;掌握家具功能设计的注意事项;掌握家具的设计尺寸，理解人体工程学知识在家具设计中的应用
训练内容和方法	了解人体工程学在现代家具设计中的重要性; 体验使用过程中人体工程学在家具中的作用
考核标准	是否注重团队协作能力、任务解析能力、沟通协调能力; 是否掌握家具测绘方法; 汇报文件是否规范，汇报过程是否流畅

学习评判

一级指标	二级指标	评价内容	分值	自评	互评	教师	企业专家	客户
工作能力	小组协作能力	具有阐明观点的能力	10					
	实践操作能力	家具功能设计方案制定能力	10					
		家具功能草图设计能力	10					
		家具功能设计方案展示能力	10					
	表达能力	能够正确地组织和传达工作任务的内容	10					
	设计与创新能力	能够设计出符合大众审美的家具	10					
		能够设计出独具创意的家具	10					
家具作品设计	职业岗位能力	创新性、科学性、实用性	10					
		解决客户的实际需求问题	10					
		客户满意度	10					
总分			100					
个人小结								

模块 4

家具结构设计

知识目标

（1）掌握实木家具榫卯结构的各种形式及技术要求；

（2）熟悉家具常见接合结构的方式；

（3）了解五金连接件结构形式及应用范围。

能力目标

（1）学会绘制家具结构设计图；

（2）能根据造型和美学原理进行一定的结构分析与设计。

素质目标

（1）弘扬工匠精神，养成精益求精、严谨认真的工作态度；

（2）通过理解和运用传统家具结构，传承优秀传统文化，增强民族文化自信。

课件

实木弯曲技术

板式家具制作

家具结构设计原则

4.1.1　材料性原则

结构设计离不开材料的性能，对材料性能的理解是家具结构设计所必备的基础。材料不同，其材料的构成元素、组织结构也不相同，材料的物理性能、力学性能和加工性能就会有很大的差异，零件之间的接合方式也就表现出各自的特征。

4.1.2　稳定性原则

家具的属性之一是使用功能。各种类型的家具产品在使用过程中，都会受到外力的作用。家具结构设计的主要任务就是要根据产品的受力特征，运用力学原理，合理构建产品的支撑体系，保证产品在使用过程中牢固、稳定。

4.1.3　工艺性原则

加工设备、加工方法是家具产品的技术保障。零部件的生产不仅是形的加工，更重要的是接口的加工。接口加工的精度性、经济性直接决定了产品的质量和成本。

因此，在进行产品的结构设计时，应根据产品的风格、档次和企业的生产条件合理确定接合方式。例如，木质家具在工业革命以前，只能采用榫接合；自从蒸汽技术运用于家具生产后，零部件可以一次成型。不仅简化了接合方式，而且使产品的造型流畅、简约。

板式家具，由于设备的加工精度高，且圆孔加工是用钻头间距为32 mm的排钻加工，所以板式家具的接口能应用32 mm系统的标准接口。

4.1.4　装饰性原则

家具不仅是一种简单的功能性物质产品，而且是一种广为普及的大众艺术品。家具的装饰性不只是由产品的外部形态来表现，更主要的是由其内部结构所决定。因为家具产品的形态（风格）是由产品的结构和接合方式所赋予的。

例如，榫卯接合的框式家具充分体现了线的装饰艺术；五金连接件接合的板式家具，则在面、体之间变化，再者，连接方式的接口（各种榫、五金连接件等），本身就是一种装饰件。藏式接口（包括暗铰链、暗榫）外表不可见，使产品更加简洁；接口外露（合页、玻璃门铰、脚轮等连接件、明榫），不仅具有相应的功能，而且可以起到点缀的作用，尤其是明榫能使产品具有自然天成的乡村田野风格。

4.2

实木家具结构

实木家具又称框式家具，它是以榫接合的框架为承重构件，板件附设于框架之上的木家具。在实木家具中，方料框架为主体构件，板件只起围合空间或分隔空间的作用。传统实木家具为整体式（不可拆）结构；现代实木家具既有整体式，又有拆装式结构。整体式实木家具以榫接合为主，拆装式实木家具则以连接件接合为主。

榫卯结构是以中国传统木构架结构为主的结构方式，在中国传统建筑、传统家具、现代实木家具中应用广泛。中国传统榫卯结构凝结中国几千年传统家具文化的精粹，凸显了中华民族的智慧，增强了中华民族文化自信。

4.2.1　家具接合方式

实木家具的接合方式有榫接合（图4-1）、钉接合、木螺钉接合、胶接合和连接件接合等。采用的接合方式是否正确，对家具的美观、强度和加工过程以及使用或搬运方式的方便性都有直接影响。现将实木家具常用的接合方式分述如下。

图4-1　榫接合精度

（1）榫接合

1）榫的形式

榫接合指榫头嵌入榫眼或榫槽的接合方式。榫头与榫眼的各部分名称（图4-2）。

①按榫头的形状分有直角榫、燕尾榫、指榫、椭圆榫、圆榫和片榫等（图4-3）。

②按榫头的数目分有单榫、双榫、多榫，（图4-4）。

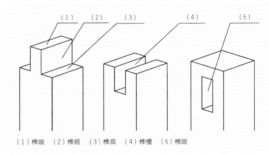

（1）榫端　（2）榫颊　（3）榫肩　（4）榫槽　（5）榫眼

图4-2　榫的组成

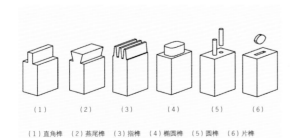

（1）直角榫　（2）燕尾榫　（3）指榫　（4）椭圆榫　（5）圆榫　（6）片榫

图4-3　榫头的形状

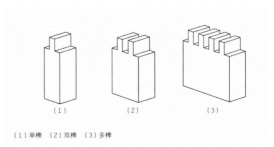

（1）单榫　（2）双榫　（3）多榫

图4-4　榫头数目

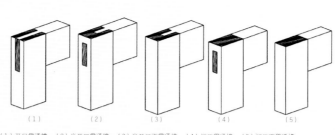

（1）明榫　（2）暗榫

图4-5　榫端是否外露

（1）开口贯通榫　（2）半开口贯通榫　（3）半开口不贯通榫　（4）闭口贯通榫　（5）闭口不贯通榫

图4-6　接合后榫头的侧边外露程度

③按接合榫端是否外露分有明榫（贯通榫）接合、暗榫（不贯通榫）接合（图4-5）。

④按接合后榫头的侧边外露程度分有开口贯通榫、半开口贯通榫、半开口不贯通榫、闭口贯通榫、闭口不贯通榫(图4-6)。

⑤以榫肩的切削形式分有

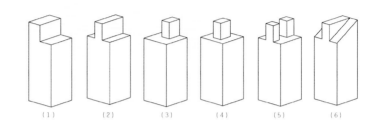

（1）单肩榫　（2）双肩榫　（3）三肩榫　（4）四肩榫　（5）夹口榫　（6）斜肩榫

图4-7　榫肩的切削形式

单肩榫、双肩榫、三肩榫、四肩榫、夹口榫、斜肩榫等(图4-7)。

⑥按榫头和方材之间是否分离分有整体榫和插入榫。整体榫是在方材零件上直接加工而成，如直角榫、椭圆榫、燕尾榫和指榫等；插入榫与零件不是一个整体，单独加工后再装入零件预制的孔或槽中，如圆榫、片榫等。

2）榫接合的技术要求

家具产品的破坏常常出现在接合部位，对于榫接合必须遵循其接合的技术要求，以保证其应有的接合强度（图4-8）。

图4-8　现代榫卯结构

①直角榫。标准如下。

榫头厚度：一般按零件尺寸而定，为保证接合强度单榫的厚度（双榫的总厚度）接近于方材厚度或宽度的0.4～0.5倍，常见的有6 mm、8 mm、9.5 mm、12 mm、13 mm等规格。为使榫头易于插入榫眼，常将榫端倒楞，两边或四边削成30°的斜棱。榫头的厚度应根据软硬材质的不同，比榫眼宽度小0.1～0.2 mm。

榫头宽度：视工件的大小和接合部位而定。一般来说，榫头的宽度比榫眼长度大0.5～1.0 mm时接合强度最大，硬材取0.5 mm，软材取1.0 mm。

当榫头的宽度大于25 mm以上时，宽度的增大对抗拉强度的提高并不明显。所以，当榫头的宽度超过60 mm时，应从中间锯切一部分，分成两个榫头，以提高接合强度。

榫头的长度：根据榫接合的形式而定。采用明榫接合时，榫头的长度等于榫眼零件的宽度（或厚度）。当采用暗榫接合时，榫头的长度不小于榫眼零件宽度（或厚度）的1 / 2，一般控制在15～30 mm时可获得理想的接合强度。暗榫接合时，榫眼的深度应大于榫头长度的2～3 mm。

榫头的数目：当榫接合零件的断面超过40 mm×40 mm时，应采用双榫或多榫接合，以便提高接合强度。

②圆榫。标准如下。

材种：密度大、无节无朽、纹理通直细密的硬材，如水曲柳、桦木、色木等。

含水率：应比结合的零部件低2%～3%，通常小于7%，这是因为圆榫吸收胶液中的水分后会膨胀。

圆榫形式：圆榫按表面状况的不同，主要有光面圆榫、直槽圆榫、螺旋纹圆榫、网槽圆榫四种。按沟槽的加工方法有压缩螺旋槽、压缩网槽、压缩直槽、光面、铣削直槽、铣削螺旋槽六种（图4-9）。

圆榫的直径：$d = (0.4～0.5)B$，目前常用$\Phi6$、$\Phi8$、$\Phi10$、$\Phi12$。

圆榫的长度：$L = (3～4)d$，目前常用的为32 mm，而不受直径的限制。榫端与榫眼底部间隙应保持在0.5～1 mm（图4-10）。

圆榫配合：要求圆榫与榫眼配合紧密或圆榫较大。当圆榫用于固定接合（非拆装式结构）时，采用有槽圆榫的过盈配合，过盈量为0.1～0.2 mm时强度最高，并且一般双端涂胶。但用于板式家具中，基材为刨花板时，过大会引起刨花板内部的破坏。当圆榫用于定位接合（拆装式结构）时，采用光面或直槽圆榫的间隙配合，其间隙量为0.1～0.2 mm，单端涂胶，一般与其他连接件一起使用。榫端与孔底应保持0.5～1 mm的间隙。

圆榫施胶：用于非拆装结构时，一般带胶结合（最好榫、孔同时涂胶）。

圆榫数目：为了提高强度和防止零件转动，通常采用两个以上的圆榫结合。多圆榫结合时，榫间距优先采用32 mm模数系统。结合边较长时，榫间距一般为100～150 mm。

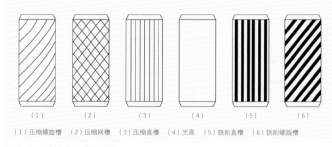

（1）压缩螺旋槽 （2）压缩网槽 （3）压缩直槽 （4）光面 （5）铣削直槽 （6）铣削螺旋槽

图4-9 圆榫的表面形状

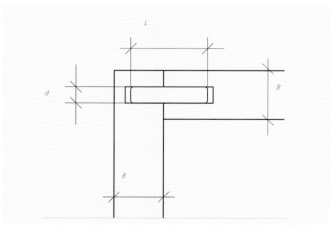

图4-10 圆榫接合示意图

（2）胶接合

这里主要指单纯用胶来粘合家具的零部件或整个制品的接合方法，是用黏性较大的胶液，如动物胶、合成树脂胶等涂在结合件的表面上，然后合上结合表面，施加压力，使物件紧密牢固地粘连在一起，这种操作过程称为胶接合。胶接合的原理是胶料通过木纹之间的空隙，留在木材表面并渗入木质里层，胶料凝固之后，使两块木料的表面纤维紧密地粘连在一起，物件的接合强度以及家具整个结构的强度很大程度上以胶接强度为先决条件。

胶接合可用于接合家具的零部件（图4-11）乃至整个家具而不需附加其他接合方式。由于现代科学的发展，随着新型胶料的出现和家具结构的新发展，胶接合的应用范围越来越广泛。

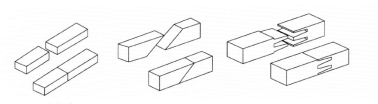

图4-11　胶接合

图4-12　木螺钉接合

（3）木螺钉接合

木螺钉接合是利用木螺钉穿透被紧固件拧入持钉件而将两者连接起来（图4-12）。

木螺钉又称木螺丝，是一种金属制的简单的连接构件，有平头螺钉和圆头螺钉两种。木螺钉的握钉力随着螺钉的长度、直径增大而增大。

实木家具中，桌椅面与框架的连接常使用木螺丝连接。为了获得木材表面的美观，可将螺钉拧入木制构件后，在表面上再嵌入圆木桩将螺钉盖住。

（4）钉接合

钉子的种类很多，有圆钉、U形钉、漆包钉等。钉接合多用在结合表面不显露的地方，如板材拼接、桌椅板面的安装、榫接合或胶接合时作固定用的辅助方法等。

（5）连接件接合

连接件是一种特制的并可以多次拆装的构件，也是现代拆装式家具必不可少的一类家具配件。目前常用的五金连接件有螺旋式、偏心式和挂钩式等几种形式（图4-13）。连接件接合是现代拆装式家具，特别是板式拆装家具中应用最广的一种接合方法。采用连接件接合的方式，可使拆装家具的生产做到零部件的标准化加工，最后组装或由用户自行组装，这不仅有利于工业化批量生产，也给包装、运输、贮存带来了方便。

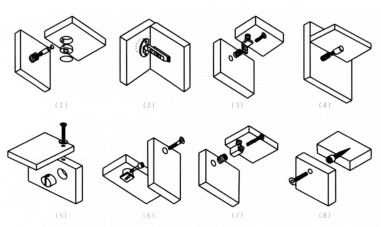

（1）偏心件连接　（2）暗铰链连接　（3）角尺式连接件连接　（4）隔板连接件连接
（5）圆柱螺母连接　（6）对接式连接件连接　（7）直角式连接件连接　（8）空心螺钉连接

图4-13　家具专用连接件

4.2.2 家具部件的基本结构

由两个或两个以上的零件构成的家具的独立安装部分，称为家具部件。

（1）实木拼板结构

将较窄的实木板拼接成所需宽度的板式部件称为拼板。如桌面板、台面板、柜面板、椅坐板、嵌板等部件，都可用窄板拼接而成。

1）拼板方式

①平拼。将被接合表面刨平滑，然后涂胶，进行胶合即可（图4-14）。这种拼板工艺简单，不开槽不打眼，允许窄板的背面有1/3的倒棱，用料经济且接缝严密，是最常用的拼板方法。但接合强度较低，且在胶接过程中，窄板的板面不易对齐，使拼板表面易产生凹凸不平现象，需适量增大拼板的加工余量。

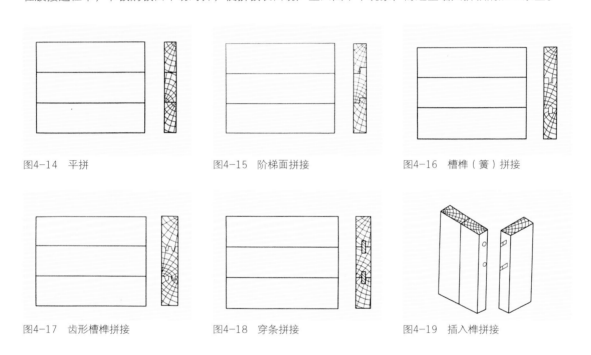

图4-14　平拼　　　　　　　　图4-15　阶梯面拼接　　　　　　图4-16　槽榫（簧）拼接

图4-17　齿形槽榫拼接　　　　图4-18　穿条拼接　　　　　　　图4-19　插入榫拼接

②阶梯面拼接。阶梯面拼接又称裁口拼、搭口拼，是将被接合面刨削成阶梯形的平直光滑的表面，仅借助胶进行拼接（图4-15）。这种拼板的接合强度比平拼的要高，拼板表面的平整度也较好。但材料消耗也相应增加，比平拼多6%～8％。

③槽榫（簧）拼接。槽榫（簧）拼接也称企口拼接，将拼接面刨削成直角形的槽榫（簧）或榫槽，借助胶接合（图4-16）。此法拼板接合强度更高，表面平整度高，材料消耗与裁口拼接基本相同。当胶缝开裂时，仍可掩盖住缝隙。拼缝封闭性好，常用于高级柜的面板、门板、旁板以及桌、台、几的面板等的拼接。

④齿形槽榫拼接。齿形槽榫拼接又称指形槽榫（图4-17），即将拼接面加工成齿榫，用胶进行接合。这种接合由于胶接面上有两个以上的小齿形，所以其接合强度比槽榫更高，拼板表面平整度与拼缝密封性都好，是一种理想的拼板法，多用于高级面板、门板、搁板、望板、屉面板等的拼接。

⑤穿条拼接。将被接合面加工出平直光滑的直角槽，借助木条或人造板边条、胶进行接合（图4-18）。其加工简单、节约木材，提高了接合强度。

⑥插入榫拼接。将被接合面刨平后，在其中心线上加工出若干个圆孔；然后在被接合面上及圆孔内涂上胶，借助圆榫进行接合（图4-19）。该结构能提高接合强度、节约木材，材料消耗与平拼的方法类似。若是胶拼软质木材，可用竹钉代替圆榫进行拼接。

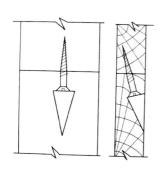

图4-20　明螺钉拼接

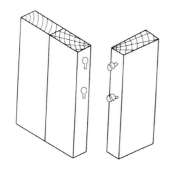

图4-21　暗螺钉拼接

⑦明螺钉拼接。从一拼板的背面钻出拼板侧面的螺杆孔，在另一拼板的拼接面钻有螺钉孔，在两拼板侧面涂胶后放平、对齐，用木螺钉加固（图4-20）。此法工艺简单、接合强度高，能节约木材，但钻螺杆孔时要破坏拼板的背面的整体结构。

⑧暗螺钉拼接。在一被拼接面上开出若干个钥匙形的槽孔，在另一被拼接面上对应钥匙槽的位置上拧上木螺钉，并让螺钉杆外露。装配时，在两被拼接面上涂胶后，将螺钉杆插入钥匙槽中，再向钥匙形窄槽方向推移，以节约木材，抬高螺钉头使其卡于窄槽底部，实现紧密连接（图4-21）。此法既能达到拼接强度，又不影响美观。它也可用于拆装的接合，但接合面不能施胶。

2）拼板镶端

实木拼板部件，当其木材含水率发生变化时，易产生变形，尤其是两端面最易开裂、翘曲，影响美观。为此，需对拼板部件进行镶端处理，以避免其端面外露，增加美观，防止或减少拼板发生翘曲的现象。常用的镶端方法有榫槽镶端法、透榫镶端法、斜角透榫镶端法、矩形木条镶端法等（图4-22至图4-25）。

（2）框架件结构

1）木质框架的基本构件

框架是框式家具的基本结构件，也是框式家具的受力构件。框式家具均由一系列的框架构成，有的框架中间嵌有各种板件，有的框架嵌有玻璃或镜子。最简单的框架就是仅有两根立边与两根帽头，用榫接合而成。常见的实木桌、椅、凳等的脚架则是较复杂的框架结构——立体框架结构。图4-26为框架的基本结构，是由立边、帽头，以及若干根立撑与横撑构成。

图4-22　榫槽镶端法

图4-23　透榫镶端法

图4-24　斜角透榫镶端法

图4-25　矩形木条镶端法

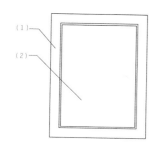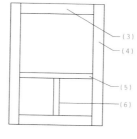

（1）木框；（2）嵌板；（3）帽头；（4）立边；（5）横撑；（6）立撑

图4-26　木框结构

2）框架角部的接合方式

根据框架立边与帽头的端面是否外露，可分为直角接合、斜角接合两种。分别介绍如下。

①直角接合的基本方法。

直角接合：框架接合后，其立边或帽头的端面外露，虽接合强度较高，但外形欠美观。

常用的直角接合方法有单面切肩榫、直角开口明榫、直角开口燕尾榫、插入圆棒榫等（图4-27）。

②斜角接合的基本方法。

斜角接合的：框架接合后，其立边与帽头的端面都不外露。其特点是外表美观，但接合强度较低。

斜角接合的基本方法有单面切肩榫、单肩斜角暗榫、单肩斜角明榫、双肩斜角明榫、插入三角榫、插入圆棒榫等（图4-28）。

3）框架中撑接合的基本方法

框架中撑接合的基本方法有带企口直角明（暗）榫、嵌槽十字、直角槽榫十字、直角暗榫、燕尾榫、斜口燕尾榫等（图4-29）。

4）框架嵌板结构

①嵌板。在安装木框的同时或在安装木框之后，将实木拼板、人造板、玻璃、镜子等嵌入木框中间，起封闭与分隔作用的板材。

②嵌板的方法。木框嵌板有槽榫嵌板和裁口嵌板两种基本方法。

槽榫法嵌板是在木框立边与帽头的内侧开出槽沟，在装配框架的同时将嵌板放入，一次性装配好。其结构特点是不能拆更换嵌板。图4-30中为槽榫法嵌板，三种形式的不同之处在于木框内侧及嵌板周边所铣型面不同，

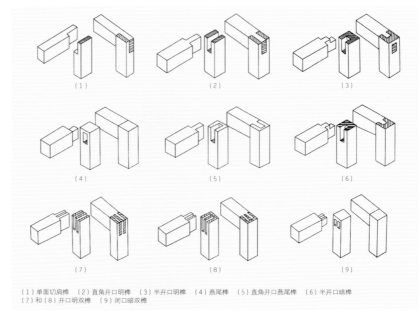

（1）单面切肩榫　（2）直角开口明榫　（3）半开口明榫　（4）燕尾榫　（5）直角开口燕尾榫　（6）半开口暗榫　（7）和（8）开口明双榫　（9）闭口暗双榫

图4-27　直角接合方式

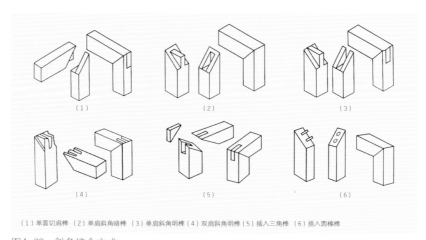

（1）单面切肩榫　（2）单肩斜角暗榫　（3）单肩斜角明榫　（4）双肩斜角明榫　（5）插入三角榫　（6）插入圆棒榫

图4-28　斜角接合方式

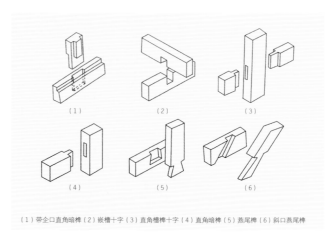

（1）带企口直角暗榫　（2）嵌槽十字　（3）直角槽榫十字　（4）直角暗榫　（5）燕尾榫　（6）斜口燕尾榫

图4-29　框架中撑接合方式

这三种结构在更换嵌板时都需将木框拆散。其图（1）结构能使嵌板盖住嵌槽，防止灰尘进入嵌槽内。

裁口法嵌板是在木框内侧开出搭口，用木螺钉或圆钉将成型木条固定嵌板，使嵌板跟木框密切接合（图4-31）。这种结构易于更换嵌板，常用于玻璃、镜子的安装。

裁口嵌板结构较烦琐，因此也可用成型木条将镜子直接嵌在柜门上。

5）嵌板的工艺技术要求

①不宜施胶：装入嵌板时，槽榫内部不应施胶。

②宽度方向尺寸如图4-32所示。

空隙$a=2\sim5\ mm$；槽边厚$b\geq6\ mm$；

槽沟深度$c\geq8\ mm$。

③开槽时，槽沟不应该开到横挡榫头的中间，以免破坏榫头的接合强度。

（3）弯曲件结构

各种曲线具有圆滑、柔和、变化、活泼的动态感，可以提高家具的美观性，故弯曲件在家具中应用相当普遍，如圆形台面、椭圆形镜框、曲线形扶手等。为此，研究弯曲件的结构与接合方法有着重要的现实意义。

根据弯曲件的制造工艺不同，主要有锯制弯曲件、实木加压弯曲件、薄木胶合弯曲件和锯口弯曲等类型。现分别介绍如下。

1）锯制弯曲件

锯制弯曲件是用实木或木质人造板锯制而成的弯曲件。它的工艺简单，加工设备投资少，任何形状、大小的弯曲件均能制造出来，应用广泛。但弯曲件在锯制过程中，有大量的木材纤维被割断，因而弯曲部位的强度较低，影响美观。对较大的弯曲件（如圆环形镜框），尚需由若干个弯曲零件拼接而成，工艺复杂，技术要求高，材料消耗多，制造成本高。

锯制弯曲件的接合方法主要有以下六种。

①直角榫、燕尾榫、槽榫接合。接合强度高，但加工麻烦。主要应用于曲线包脚、圆桌面镶边及圆形望板等（图4-33）。

②圆榫接合。接合强度比直角榫低，但加工方便，应用较广，如镜框、椅子扶手的圆角处等（图4-34）。

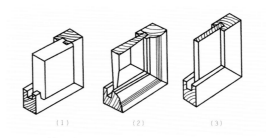

图4-30　槽榫法嵌板

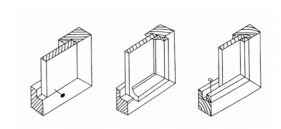

图4-31　裁口法嵌板

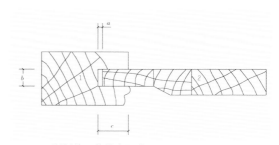

图4-32　嵌板的工艺技术要求

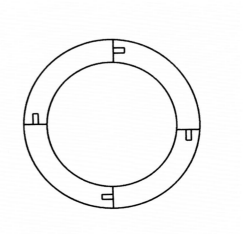

图4-33　直角榫接合

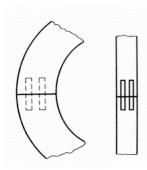

图4-34　圆榫接合

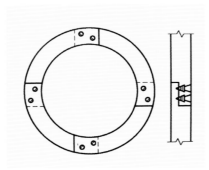

图4-35　交叉搭接

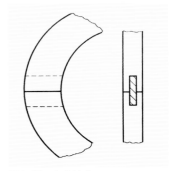

图4-36　木条接合

图4-37　塞角接合

图4-38　格角榫接合

③交叉搭接。在搭接处用胶钉或木螺钉接合，加工简单，接合强度高。但接缝较长，不够美观，常用于内部衬料，表面用薄木覆盖（图4-35）。

④木条接合。在胶合件两端锯上槽榫，将木条施胶后插入槽内。接合强度较高，加工方便，但欠美观（图4-36）。

⑤塞角接合。加工简单，但木材端部显露在表面，适于做内部衬料，塞角可用木螺钉或圆榫加固（图4-37）。

⑥格角榫接合。借助于桌脚的格角榫接合，再通过头颈线进行巧妙的搭接，用木螺钉旋紧，使望板牢固地接合在一起。外形美观，适于中、高级的圆桌，茶几等的锯制曲线形望板的连接（图4-38）。

2）实木加压弯曲件

实木加压弯曲件是利用经过软化处理后，表面平整光滑的实木条，借助模具进行加压弯曲、干燥定型、切削加工而成的弯曲件。这种弯曲件外形美观，强度高，且省工、省料。但对木材材质要求较高，尤其是制造弯曲度小的零件时，毛料损坏率较高。因此，近年来已逐步被薄胶合弯曲工艺所代替。实木加压弯曲往往应用于高级家具中弯曲部件的生产，如中式圈椅的扶手、靠背等（图4-39）。

　图 4-39　圈椅

图 4-40　Paimio椅　（阿尔瓦·阿尔托设计）

3）薄木胶合弯曲

薄木胶合弯曲是将一叠涂了胶的薄板按零件厚度要求先配成板坯，然后在压模（或滚筒）中加压弯曲，直到胶层固化，从而制成弯曲件。薄板胶合弯曲时，不需留出锯制和刨削加工余量，能提高木材利用率。制造椅后腿时，可比锯制法提高木材利用率两倍左右。

单板胶合弯曲工艺比较简单，不用刨削加工和软化处理，制成如"椅腿—椅座—椅背"这样的联合部件，一个弯曲部件可以代替几个零部件，节省了开榫、打腿等工序。如表层同时贴上饰面材料（如合成薄木、预油漆纸等），还可以省去涂饰工序，简化工艺，提高工效。采用薄板胶合弯曲工艺还可制出各种多面弯曲、形状复杂的部件，做成的制品轻便美观。因此，薄板胶合弯曲成型工艺应用日益广泛。

薄木胶合弯曲工艺早在20世纪30年代就应用于家具生产中。如阿尔瓦·阿尔托在1931年设计的Paimio椅（图4-40），它带有层压的桦木骨架、一块胶合板弯曲成反转涡卷形状的压模胶合板椅座和靠背。这种带扶手式椅腿的椅子非常稳固，且座位又具有弹性，坐感极为舒适。在现代，薄木胶合弯曲工艺日渐成熟，应用更为广泛。

4）锯口胶合弯曲

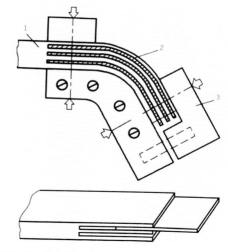

图4-41　纵向锯口胶合弯曲

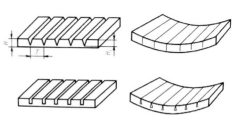

图4-42　横向锯口胶合弯曲

锯口胶合弯曲是指在毛料的纵向或横向的一端锯出数条锯口，经加压弯曲成型，有主要纵向锯口胶合弯曲和横向锯口胶合弯曲法两种。纵向锯口胶合弯曲是在毛料一端顺纤维方向锯出一排锯口，然后再加压弯曲的方法（图4-41）。在家具生产中，可用于制作桌腿和椅腿等部件。横向锯口胶合弯曲是在人造板内侧锯口弯曲成型的方法（图4-42）。常用于各种人造板制作曲率半径较小的部件。

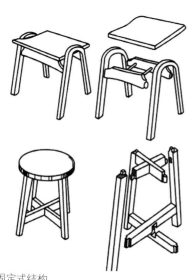

图4-42　固定式结构

4.2.3　椅类家具结构

（1）椅类家具结构方式

根据支架与座面、靠背的连接方式不同，椅类结构包括以下三种。

①固定式结构。榫接合，不可再次拆装（图4-43）。

②嵌入式结构。椅子分成几部分，单独组装成成品（图4-44）。

③拆装式结构。金属连接件接合（图4-45）。

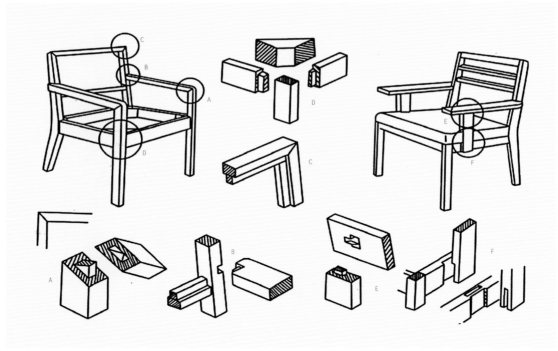

图4-44　嵌入式结构

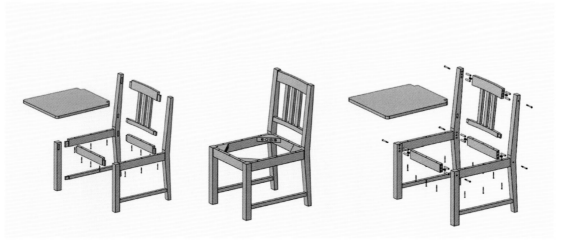

图4-45　拆装式结构

（2）设计实木椅子结构

实木椅子结构设计时要着重考虑以下五个问题。

①强度、刚度、稳定性等力学性能。

②加工工艺性。

③结构标准化。

④储存、包装与运输便捷性。

⑤装配的简洁性与可靠性。

4.2.4 实木家具结构图纸案例

本案例为实木书架，图纸包括家具的三视图、轴测图和零部件图（图4-46至4-57）。

图4-46

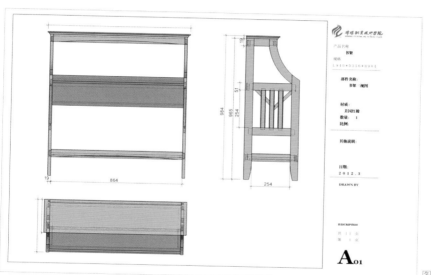

图4-47

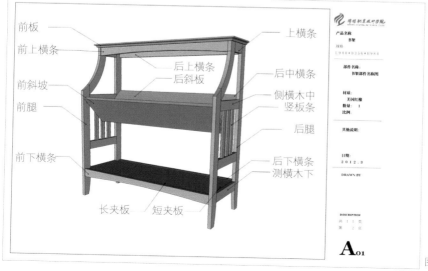

图4-48

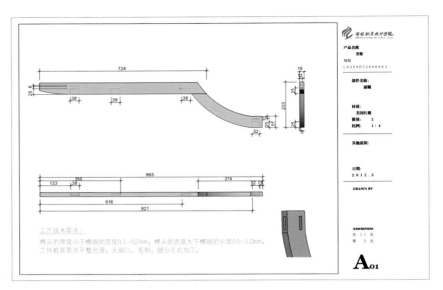

图4-49

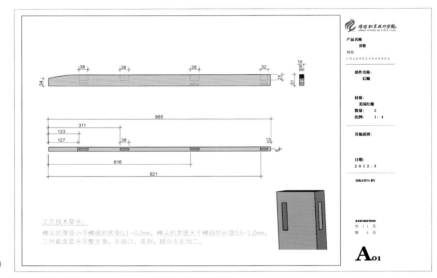

图4-50

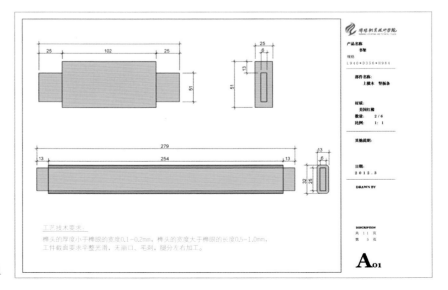

图4-51

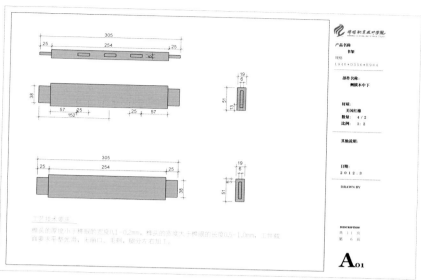

图4-52

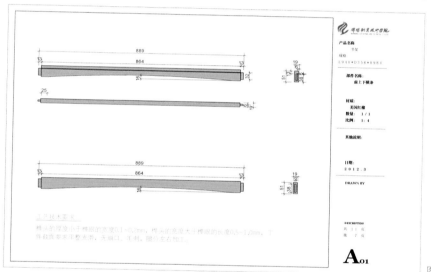

图4-53

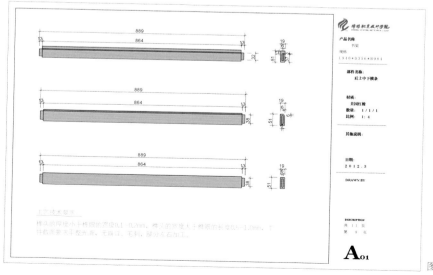

图4-54

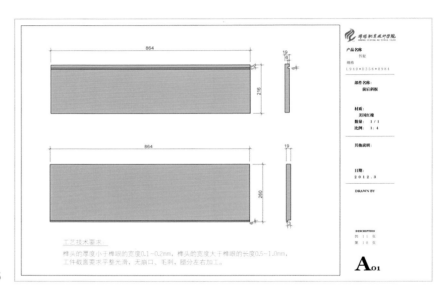

图4-55

图4-56

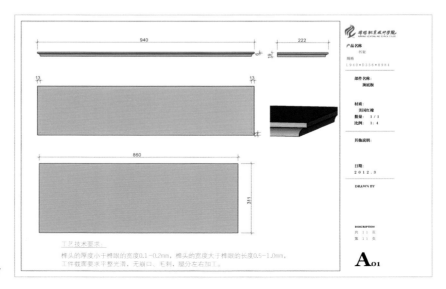

图4-57

板式家具结构

4.3.1 板式家具的材料

板式家具，指以人造板为基材，以板件为主体，采用专用的五金连接件或圆棒榫连接装配而成的家具。板式家具的主要材料是人造板，根据板件形式不同，一般可分为实心板和空心板。

实心板主要是以中纤板和刨花板为芯板，表面覆装饰材料，如薄木、木纹纸、胶合板、三聚氰胺装饰板（纸）等。现代板式可拆装家具多数都是这种人造板为基材的覆面实心板。

空心板是由空心芯板和覆面材料所组成的空心复合结构板材，空心芯板多由周边木框和空心填料组成。根据空心填料的不同，可以分为木条空心板、格状空心板、蜂窝空心板（图4-58）。

4.3.2 基本装配结构

（1）偏心连接件连接

偏心连接件又称紧固件或组合器，由偏心轮、杆、胶粒组成。用偏心连接件连接方便，可反复装卸，价格便宜的优点使其成为目前板式家具中应用最广泛的连接件（图4-59）。

偏心连接件由圆柱塞母、吊杆及塞孔螺母等组成。吊杆的一端是螺纹，可连入塞孔螺母中，另一端通过板件的端部通孔接在开有凸轮曲线的槽内。当顺时针拧转圆柱塞母时，吊杆在凸轮曲线槽内被提升，即可实现两部件之间的垂直连接（图4-60）。偏心连接件的技术参数及安装示意图(图4-61)。

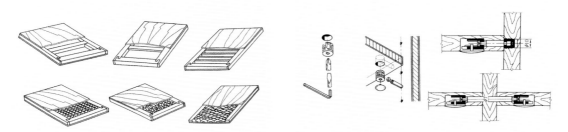

图4-58　空心板示意图　　　　　　图4-59　偏心连接件

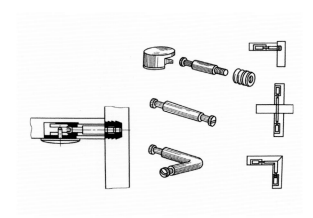

图4-60 偏心连接件安装示意图

（2）门铰链安装

门铰链包括铰链座和铰链体，铰链体一端通过芯轴与门框相连，另一端与门扇相连（图4-62）。铰链体分成两段，一段与芯轴相连，另一段与门扇相连，两段铰链体之间通过连接板连接成一整体，连接板上设有门缝间隙调整孔。由于铰链体分成两段并通过连接板连接成一整体，拆下连接板，便可将门扇卸下进行修理，门与旁板的位置不同，可以分为全盖门、半盖门、内嵌门（图4-63）。连接板的门缝间隙调整孔包括调节上下门缝间隙的长孔和调节左右门缝间隙的长孔。铰链不但可进行上下调整，还可进行左右调整（图4-64）。

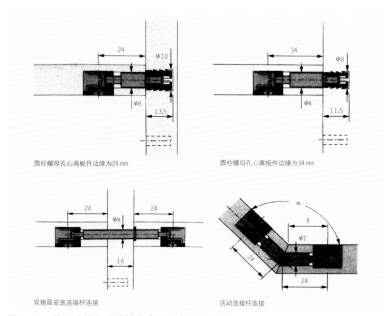

圆柱螺母孔心离板件边缘为24 mm

圆柱螺母孔心离板件边缘为34 mm

双侧面安装连接杆连接

活动连接杆连接

图4-61 偏心连接件连接技术参数及安装示意图

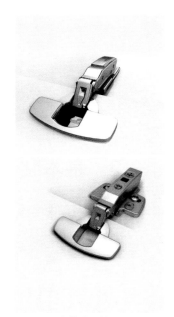

图4-62 海蒂诗门铰链

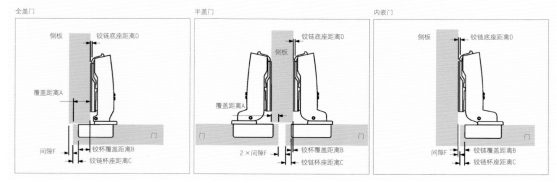

图4-63 门的不同形式

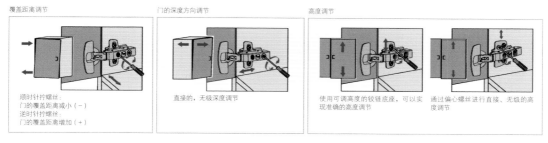

图4-64　门铰链的调节

（3）抽屉滑道安装

抽屉滑轨是固定在家具的柜体上，供家具的抽屉或柜板出入、活动的五金连接部件，滑轨适用于橱柜、家具、公文柜、浴室柜等木制与钢制抽屉家具的抽屉连接。滑轨分为滚轮式、钢珠式、齿轮式。

滚轮式滑轨出现时间较为久远，滚轮滑轨结构较为简单，由一个滑轮、两根轨道构成，能够应对日常的推拉需要。但其承重力较差，也不具备缓冲与反弹功能，常用于电脑键盘抽屉、轻型抽屉上（图4-65）。

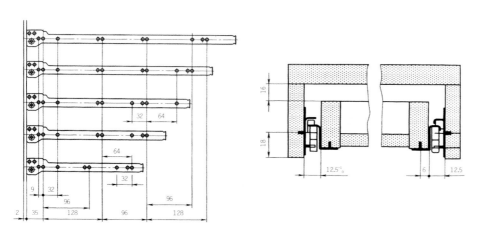

图4-65　导轨安装结构及相关尺寸（单位：cm）

钢珠滑轨基本上是二节、三节的金属滑轨，较常见的是安装在抽屉侧面的结构，安装较为简单，并且节省空间。现代家具中，钢珠滑轨正逐渐地代替滚轮式的滑轨，成为现代家具滑轨的主力军。

齿轮式滑轨有隐藏式滑轨、骑马抽滑轨等滑轨类型，属于中高档的滑轨。它使用齿轮结构，从而使滑轨非常顺滑和同步。此类滑轨也具有缓冲关闭或按压反弹开启功能，多用于中高档的家具上。因价格比较贵，现代家具中也比较少见，不及钢珠滑轨普及，但此种滑轨是未来的趋势。

4.3.3　"32 mm系统"板式家具结构

（1）"32 mm系统"的概念

"32 mm系统"是一种国际通用的模数化、标准化板式家具结构设计理念，目前在板式家具的设计中得到普遍应用。"32 mm系统"要求零部件上的孔间距为32 mm的整数倍，所有的"接口"应处在32 mm的方格网的交点上，以保证实现模数化，并可用排钻一次打出。简单来讲，"32 mm系统"是指板件前后、上下两孔之间的距离是32 mm或32 mm的整数倍。

为什么要以32 mm为模数呢？

①能一次钻出多个安装孔的加工工具，是靠齿轮轮齿啮合传动的排钻设备，齿轮间合理的轴间距不应小于30 mm，若小于这个间距，那么齿轮装置的寿命将受到影响。

②由于"32 mm系统"的诞生地欧洲常用的计长的单位是英寸，而1英寸=25.4 mn，显然与不符合上述合理的齿间距离，所以选用1.25英寸，1.25英寸刚好约等于32 mm，大于30 mm。

若选用1 in（25.4 mm）作为轴间距，显然与齿间距产生矛盾，如果选用下一个英制尺度是1又4分之1寸（1.25 in=25.4+6.35=31.75 mm）取其整数即为32 mm。

③就其数值而言，32是一个可以完全整数倍分的数值，在家具设计中具有很强的实用性和灵活性。

④板式家具中是以32 mm作为孔间距，并不表示家具外形尺寸是32 mm的整数倍，与我国家具行业推行的300 mm模式不矛盾。

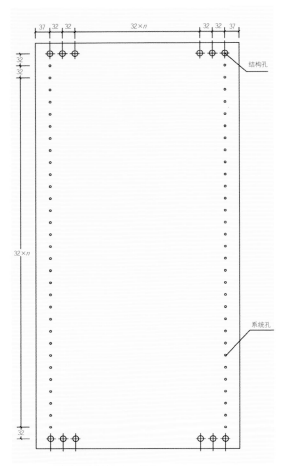

图4-66 系统孔和结构孔（单位：mm）

（2）"32 mm系统"的设计准则

由于部件就是产品，因此，"32 mm系统"家具的设计，实际上就是对标准板件的设计，其中旁板是设计的核心。这是因为旁板是家具中最主要的骨架部件，顶板（面板）、底板、层板以及抽屉道轨必须与旁板接合。"32 mm系统"中最重要的钻孔设计与加工也都集中在了旁板上，旁板上的加工位置确定以后，其他部件的相对位置也基本确定了。旁板上的预钻孔分为系统孔与结构孔。结构孔是形成柜类家具框架体所必需的结合孔，系统孔用于装配搁板、抽屉、门板等零部件（图4-66）。在平面坐标中，结构孔在水平线上，即水平坐标上；而系统孔位于板件的两侧，即在纵坐标上。

①系统孔技术参数：系统孔一般设在垂直坐标上，分别位于旁板的前沿和后沿。若是盖门，则前侧轴线到旁板边缘的距离为37 mm或28 mm；若是嵌门或嵌抽屉，则应为37 mm或28 mm加上门板厚度。同时，前后轴线之间及其辅助轴线之间均应保持32 mm的整数倍距离。通用系统孔的标准孔径一般为5 mm，深为13 mm。当系统孔为结构孔时，其孔径按结构配件的要求而定，一般常用的孔径为5 mm、8 mm、10 mm、15 mm、25 mm等。

②结构孔技术参数：结构孔一般设在水平轴上，上沿第一排结构孔与板端的距离及孔径根据板件的结构形式与选用配件的具体情况确定。若结构形式为旁板盖顶板（面板），如图4-67（a）所示，采用偏心连接件连接，则结构孔到旁板的距离为$A=1/2d_1+S$，孔径根据所选用的偏心连接件大小而定。若结构形式为顶板盖旁板，如图4-67（b）所示，则A根据选用偏向吊杆的长度定，一般$A=24$ mm，孔径为15 mm。下沿结构孔到旁板底端的距离B则和望板高度（h）、底板厚度（d_2）及连接形式有关，如图4-67（c）所示，$B=1/2d_2+h$。

（3）旁板的尺寸设计

①旁板的长度：旁板上面有许多系统孔和结构孔，实际上，当它与顶板、底板的安装方式确定以

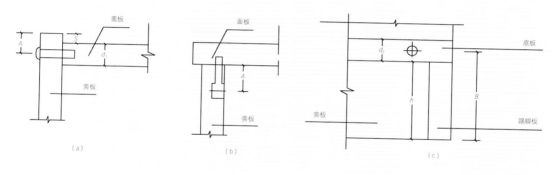

图4-67　结构孔定位示意图

后，旁板的长度也就确定了。长度$L=A+B+32n$。

②旁板的宽度：若按对称设计的原则，尺寸$W=2K+32n$（K为37 mm或28 mm），如对于盖门，$K=37$时，常用的32 mm系统旁板的宽度可参照表4-1中选取。

表4-1　旁板宽度

（单位 :mm）

N值	5	6	7	8	9	10	11	12	13	14	15	16	17	18
旁板宽度	234	266	298	330	362	394	426	458	490	522	554	586	618	650

（4）注意要点及难点

"32 mm系统"应用中的注意要点及难点如下。

①旁板上孔位设计、系统孔与结构孔应分别考虑，结构孔根据顶底板的位置及偏心件的安装要求确定，依据对称原则安排。

②旁板上的系统孔总是与门、抽屉面板对应，系统孔与门、抽屉面板的上下边平齐，实现互换性。

③门、抽屉面板高度尺寸系列正确的原则及其与系统孔的关系。

④抽屉旁板的尺寸，抽屉面板与抽屉旁板如何定位。

⑤旁板系统孔及结构孔如何安排。

4.3.4　"32 mm系统"的设计案例

下面以板式文件柜和电视柜为例，给大家介绍板式家具的结构设计。

案例一：板式文件柜

板式文件柜三视图和孔位图（图4-68至图4-77）。

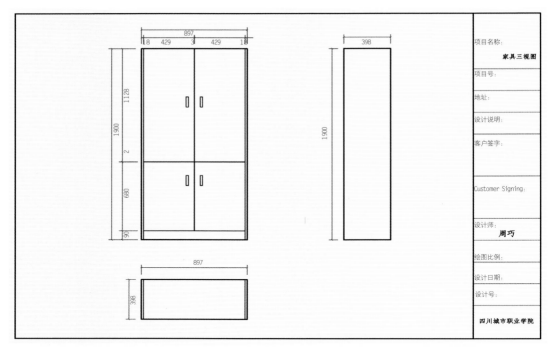

图4-68 文件柜三视图

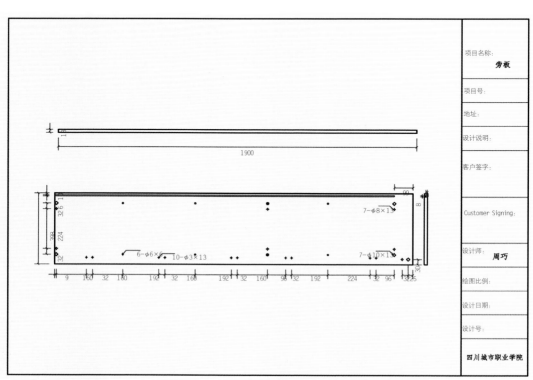

图4-69 文件柜旁板孔位图

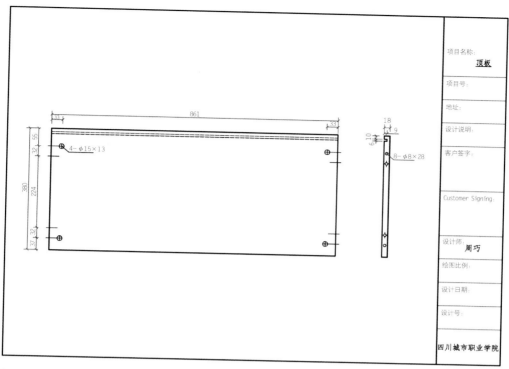

图4-70 文件柜顶板孔位图

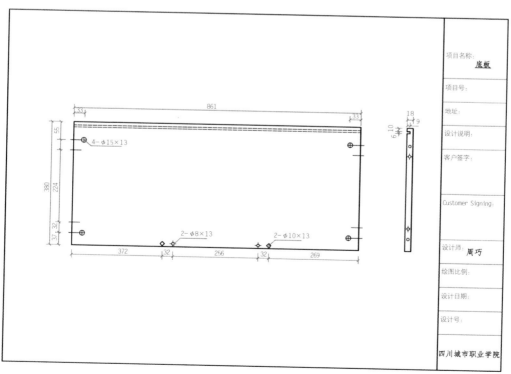

图4-71 文件柜顶板孔位图

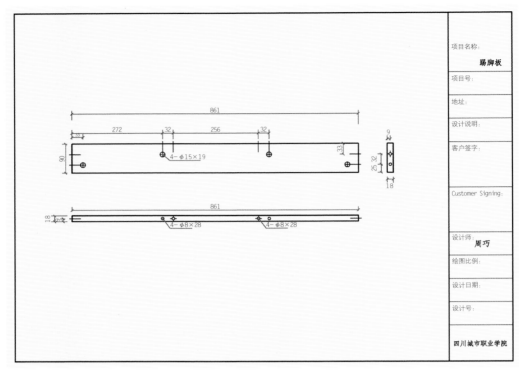

图4-72　文件柜踢脚板孔位图

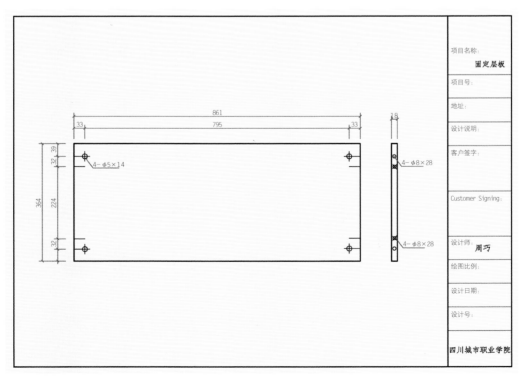

图4-73　文件柜固定层板孔位图

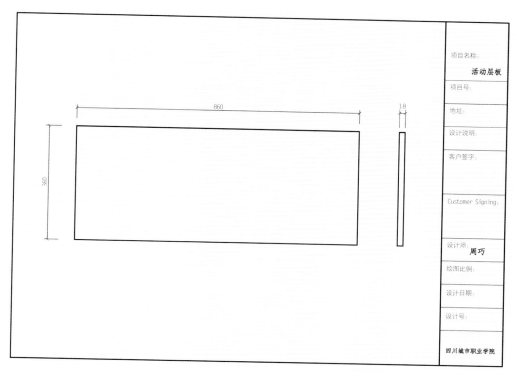

图4-74 文件柜活动层板尺寸图

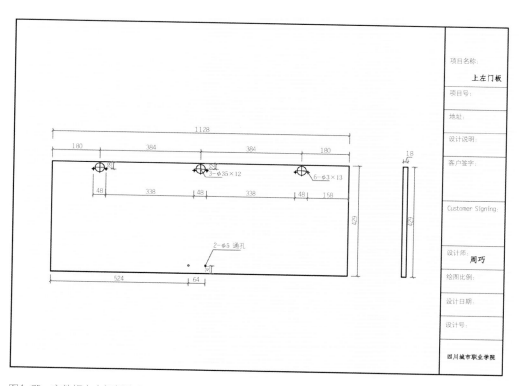

图4-75 文件柜上左门板孔位图

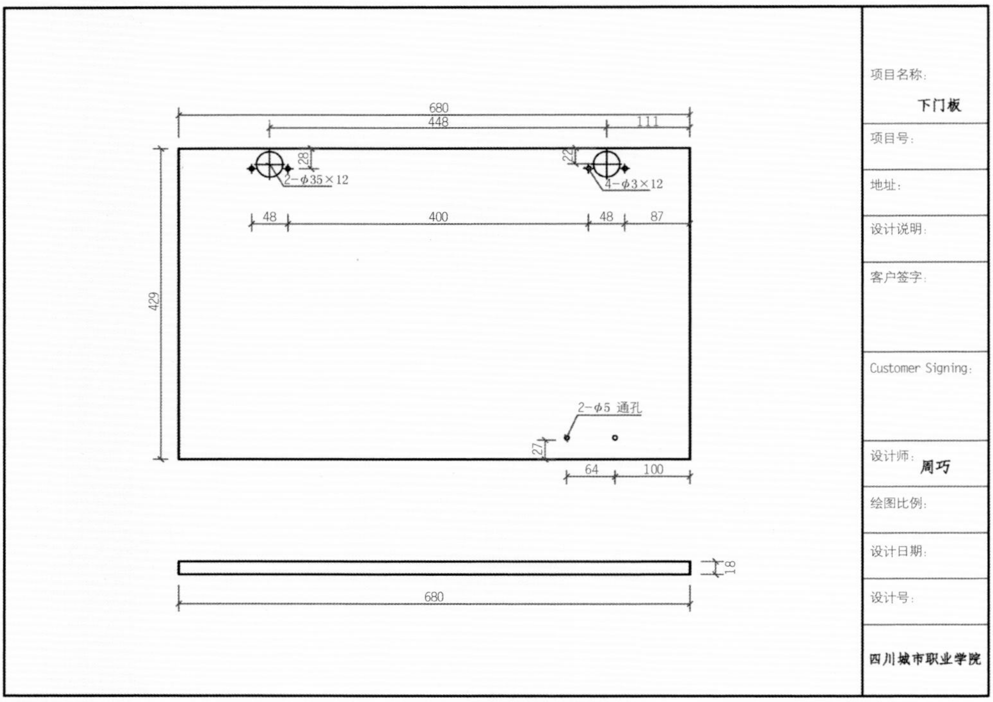

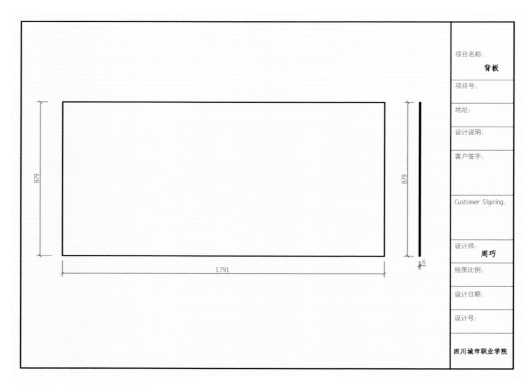

图4-76　文件柜下门板孔位图

图4-77　文件孔背板尺寸图

案例二：多功能电视柜

　　以"板式电视柜"为例，我们可以了解到板式家具的部分加工工艺文件（图4-78至4-82，表4-2）。

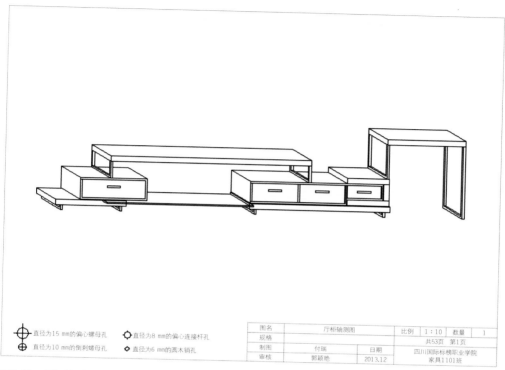

图名		厅柜轴测图		比例	1:10	数量	1
规格				共53页　第1页			
制图	付瑞		日期	四川国际标榜职业学院			
审核	郭颖艳		2013.12	家具1101班			

⊕ 直径为15 mm的偏心螺母孔　◐ 直径为8 mm的偏心连接杆孔
⊗ 直径为10 mm的倒刺螺母孔　◇ 直径为6 mm的圆木销孔

图4-78　厅柜轴测图

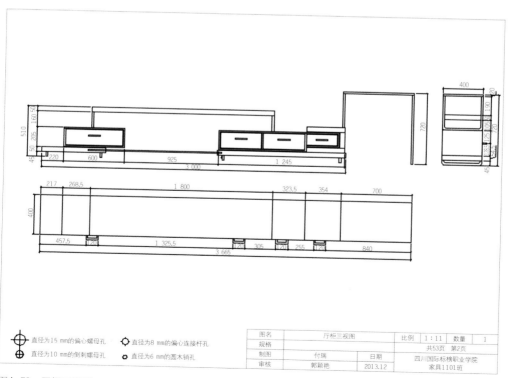

图名		厅柜三视图		比例	1:11	数量	1
规格				共53页　第2页			
制图	付瑞		日期	四川国际标榜职业学院			
审核	郭颖艳		2013.12	家具1101班			

⊕ 直径为15 mm的偏心螺母孔　◐ 直径为8 mm的偏心连接杆孔
⊗ 直径为10 mm的倒刺螺母孔　◇ 直径为6 mm的圆木销孔

图4-79　厅柜三视图

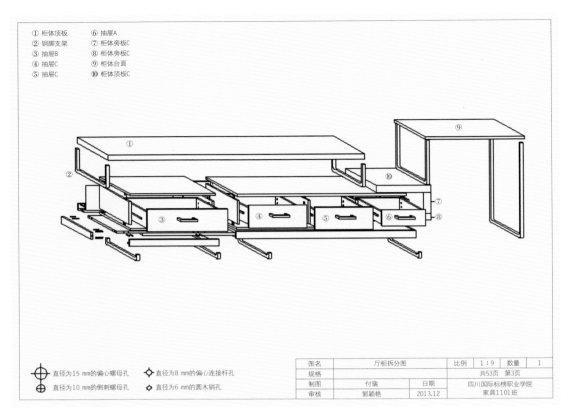

① 柜体顶板　⑥ 抽屉A
② 钢脚支架　⑦ 柜体旁板C
③ 抽屉B　　⑧ 柜体旁板C
④ 抽屉C　　⑨ 柜体台面
⑤ 抽屉C　　⑩ 柜体顶板C

⊕ 直径为15 mm的偏心螺母孔　　◇ 直径为8 mm的偏心连接杆孔
⊕ 直径为10 mm的倒刺螺母孔　　◇ 直径为6 mm的圆木销孔

图名	厅柜拆分图		比例	1:9	数量	1
规格				共53页　第3页		
制图	付瑞	日期		四川国际标榜职业学院		
审核	郭颖艳	2013.12		家具1101班		

图4-80　厅柜拆分图

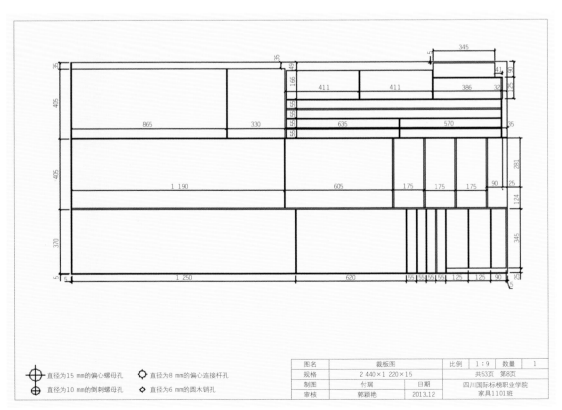

⊕ 直径为15 mm的偏心螺母孔　　◇ 直径为8 mm的偏心连接杆孔
⊕ 直径为10 mm的倒刺螺母孔　　◇ 直径为6 mm的圆木销孔

图名	裁板图		比例	1:9	数量	1
规格	2 440×1 220×15			共53页　第8页		
制图	付瑞	日期		四川国际标榜职业学院		
审核	郭颖艳	2013.12		家具1101班		

　图4-81　厅柜裁板图

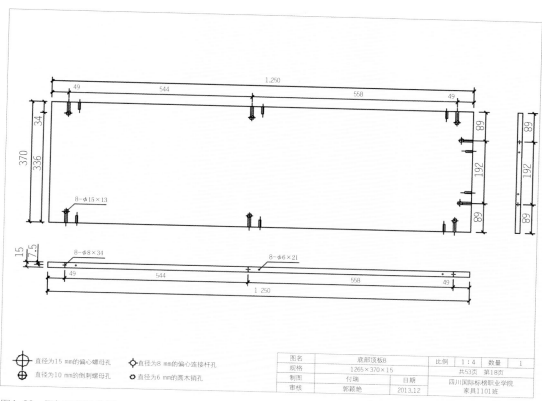

直径为15 mm的偏心螺母孔　　直径为8 mm的偏心连接杆孔
直径为10 mm的倒刺螺母孔　　直径为6 mm的圆木销孔

图名		底部顶板B		比例	1:4	数量	1
规格		1265×370×15			共53页 第18页		
制图		付瑞		日期	四川国际标榜职业学院		
审核		郭颖艳		2013.12	家具1101班		

图4-82　厅柜顶板孔位图

表4-2　厅柜材料明细表

零部件明细表

序号	代号	名称	规格	数量	材料
1	TG-01	底部搁板A	370×50×15	2	
2	TG-02	底部搁板B	565×50×15	1	
3	TG-03	底部搁板C	565×50×15	1	
4	TG-04	底部旁板A	630×50×15	2	
5	TG-05	底部顶板A	615×370×15	1	
6	TG-06	底部旁板B	370×50×15	2	
7	TG-07	底部旁板C	1 265×50×15	2	
8	TG-08	底部顶板B	1 265×370×15	1	
9	TG-09	柜体顶板A	1 190×400×15	1	
10	TG-10	柜体底板A	865×400×15	1	
11	TG-11	柜体隔板A	385×170×15	1	三聚氰胺板
12	TG-12	柜体隔板B	385×170×15	1	
13	TG-13	柜体旁板A	400×120×15	1	
14	TG-14	抽屉背板A	281×85×15	1	
15	TG-15	柜体底板B	400×325×15	1	
16	TG-16	柜体背板A	1 120×180×5	1	
17	TG-17	柜体旁板B	400×170×15	3	
18	TG-18	柜体顶板B	550×400×15	2	
19	TG-19	柜体背板B	610×180×5	1	
20	TG-20	抽屉背板B	540.5×120×15	1	

图名		零部件明细表		比例		数量	1
规格					共53页 第51页		
制图		付瑞		日期	四川国际标榜职业学院		
审核		郭颖艳		2013.12	家具1101班		

项目训练——家具结构图纸绘制

项目名称	项目一：板式家具结构设计
	项目二：实木家具结构设计
训练目标	通过板式家具结构的学习，掌握板式家具接合方式和结构设计要点；学会板式家具结构图纸的表达方法，提高家具设计技能
	通过实木家具结构的学习，掌握实木家具接合方式和结构设计要点；学会实木家具结构图纸的表达方法，提高家具设计技能
训练内容和方法	根据板式家具样品，绘制其三视图、轴测图和零件部件图，合理利用各种软件及专业知识进行辅助，学习掌握不同五金配件在板式家具中的应用
	根据实木家具样品，绘制其三视图、轴测图和零件部件图，合理利用各种软件及专业知识进行辅助，掌握实木家具产品的不同连接方式
考核标准	考核方式分为过程考核和结果考核两方面，各占50%。过程考核主要考核学生团队协作能力、任务解析能力、过程参与、沟通协调能力等社会和方法能力。结果考核主要考核学生的专业能力，包括结构设计、图纸表达、行业要求、结构文件规范等

学习评判

一级指标	二级指标	评价内容	分值	自评	互评	教师	企业专家	客户
工作能力	小组协作能力	能够为小组提供信息，阐明观点等	10					
	实践操作能力	家具结构设计方案制定能力	10					
		家具结构草图设计能力	10					
		家具结构设计方案展示能力	10					
	表达能力设计与创新能力	能够正确地组织和传达工作任务的内容	10					
		能够设计出符合大众审美家具结构	10					
		能够设计出独具创意的家具结构	10					
家具作品设计	职业岗位能力	创新性、科学性、实用性	10					
		解决客户的实际需求问题	10					
		客户满意度	10					
总分			100					
个人小结								

模块 5

家具新产品开发与实践

知识目标

（1）了解家具新产品的概念及其种类；
（2）掌握家具创新设计的方法；
（3）熟悉家具设计的流程和各环节的工作要点；
（4）熟悉家具设计岗位的工作内容。

能力目标

（1）能够运用创新设计方法进行家具创新设计；
（2）学会按照家具产品开发流程进行家具设计；
（3）具备家具设计方案的表达能力。

素质目标

（1）培养良好的职业意识和行为规范；
（2）培养创新思维，提升创新能力；
（3）养成自我学习习惯和严谨认真、精益求精的工作态度。

课件

家具设计开发流程

家具材料之皮革的应用

5.1

家具新产品开发

5.1.1 家具新产品的概念

在工作原理、技术性能、结构形式、材料选择以及使用功能等方面，只要有一项或几项与原有产品有本质区别或显著差异的产品，都可称为新产品。人们习惯于将那些首次在市场上亮相的产品叫新产品，其实这是一种狭义的理解。

新产品具有如下特性的产品。

①新功能产品。如带按摩功能的床，相对于普通床就是一种新产品。

②新造型产品；产品外形轮廓的变化，装饰元素的变化等均可称为新产品。

③结构性能改进的产品；如相对于固定结构的可拆装竹木家具就是一种新产品。

④应用新材料产品；如相对于普通弹簧床垫的乳胶床垫就是一种新产品。

5.1.2 家具新产品开发的种类

由于家具企业对设计开发要求不同，家具产品方向种类与生产经营模式也不同，家具新产品开发设计一般可分为三种情况：原创性产品开发设计、改良性产品开发设计、工程项目配套家具开发设计。

（1）原创性产品开发设计

原创性产品设计是一种全新的设计，它是根据人的潜在需求，针对新材料、新工艺、新技术进行创造性的产品开发。

原创性产品要么是创造一种新的生活方式的产品，依靠全新的创意新产品来改变我们的生活结构和习惯方式，如由原始社会的席地而坐，发展到可垂足而坐的扶手椅、靠背椅、躺椅等，再进一步成为符合人体工学的可升降、转动、电动、摇摆、任意改变坐姿的现代椅，人类在椅子的形态上和功能上不断创新，使我们的生活向着更舒适，更符合人性的方向发展；要么在原理、技术、结构、工艺或材料等方面有重大突破，是科学技术新发明的应用，如现代家具发展史中的索内曲木椅、布鲁耶的钢管椅、阿尔托的热弯胶合板家具，沙里宁与伊姆斯的有机家具，都是紧贴时代生活，结合现代科技、新工艺、新材料的原创家具设计经典作品；再则就是面向未来的一种探索性设计，它需要设计师用敏锐的洞察力和超越现实的思维方式，创造形成具有引领时代观念的创新产品，对现今来讲，它可能是幻想，只是设计师思维的一种表达方式，但它可能成为推动技术开发，生产开发和市场开发的原动力，在未来成为现实。由于原创性设计产品所涉及的内容是全新的，因此企业在开发此类新产品时的风险也是最大的。

（2）改良性产品开发设计

改良性产品开发设计是基于现有产品基础上的整体优化和局部改进设计，使产品更趋完善，更适合于人的需求、市场的需求、环境的需求，更适应新的制造工艺和新的材料。这是一种大量存在的渐进性创新设计，主要用于进入市场较久的产品，由于市场竞争加剧和消费需求饱和等方面因素导致产品销量减退、企业效益的降低。因而，在产品退化期到来之前，家具企业和设计师应积极采用改良设计措施及时更新现有的退化产品或尽可能使产品的退化期延后。

第一是要分析现在产品的"不良"之处，即存在的缺点，在材料、工艺、结构、外观上加以改进，制造出在质量、价格、性能等方面更有竞争力的产品。

第二是在现在产品的基础上增加功能，提升附加值的改良设计，如在座椅上增加储物功能、在橱柜上增加可折叠的便餐台、在柜类家具内部增设照明灯的多功能设计等（图5-1）。

第三是在材料结构上的改良设计。如竹藤家具保持竹藤天然纤维材料的丰富优美的编织纹理，在骨架结构改良使用金属不锈钢弯管，使传统的竹藤家具与现代家具风格和谐地统一，既保持了竹藤家具的灵巧和编织美，又增强了竹藤家具的强度（图5-2）。

（3）工程项目配套家具开发设计

工程项目配套家具设计是与特定的建筑、室内、环境紧密结合的专门工程配套家具设计。在现代办公家具、酒店家具、商场家具、展示家具、教学设施家具、城市公共空间户外家具等工程中被广泛采用。在现代家具发展史上，许多现代家具设计大师都是建筑大师，许多经典的家具设计都是与建筑设计同时配套设计的。20世纪初的英国建筑与家具设计大师麦金托什垂直几何造型的建筑与高靠椅家具设计、荷兰建筑与家具设计师里特维尔德的风格派红黄蓝抽象几何构成的建筑与家具、密斯的钢管椅与世博会德国展馆设计、赖特的别墅建筑与家具设计、阿尔托的疗养院建筑与弯曲胶板家具等都是特定的建筑空间配套设计统一风格的家具设计。

图5-1　家具内部增加照明功能

在现代家具行业中，为特定建筑工程配套的家具工程设计将越来越专门化，市场空间也越来越大，在这些专门化的家具工厂中最大的设计开发业务就是参加相关建筑工程项目的家具招标设计，更多是需要从建筑学的角度、从室内设计和环境设计的角度进行家具工程的配套设计。

图5-2　藤材与钢管的搭配

5.1.3 家具产品创新设计的方法

（1）模仿设计

模仿是人类创造活动必不可少的初级阶段，也是涉入新型产品的第一步。模仿设计不等于抄袭。抄袭既不合法，也没有出路。现实中，许多独创的产品或产品的某个部分往往受专利保护，但其经验、方法却是可以共享的。将别人的智慧转化为可以利用的资源，这是社会进步的必然，也是必要的过程。

模仿设计的方法是多样的，基本可以归纳为直接模仿或间接模仿，其实质就是接受启发，通过模仿设计出完全不同的产品。

直接模仿：即对同一类产品进行模仿。设计出一系列符合大众生活的同类产品，甚至在此基础上更有创造，那将使模仿设计更有意义。

间接模仿：即对不同类型的产品或事物进行模仿。我们常常可以见到一些产品，是将其他产品的某些原理、形式、特点加以模仿，并在其基础上进行发挥、完善，产生另外的不同功能或不同类型的产品。仿生设计也是间接模仿的一种方式。设计的仿生是受天然事物和生物中合理的因素的启发，并对其结构与形态进行模仿。如蜂窝结构，蜂房的六角形结构不仅质轻，而且强度高，造型规整，连数学家都为之折服。人们利用蜂窝结构原理设计生产了蜂窝板并用于家具制造工业（图5-3）。这种纸质蜂窝板使得家具的重量降低了一半以上，而且具有足够的刚性与强度，因而特别适合于制造柜门和台面的部件，可以减少铰链的负荷。

再如海星结构，它的放射状的多足形体，具有特别的稳定性。人们利用海星的这一特殊结构设计出了办公椅的海星脚型（图5-4）。这种结构的座椅，不但旋转和任意方向移动自如，而且特别稳定，人体重心转向任何一个方向都不会引起倾倒。

图5-3　蜂窝结构家具　　图5-4　办公椅海星脚型

在应用模拟与仿生物手法时，除了保证使用功能的实现外，还必须同时注意结构、材料与工艺的科学性与合理性，实现形式与功能的统一，结构与材料的统一，设计与生产的统一，使所模仿的家具造型设计能转化为产品，保证设计的成功。

（2）沿用设计

现实中尽管创新产品层出不穷，但沿用设计的产品却占大多数。如自从弯曲板技术发明以来，许多家具生产厂家都在各自的产品系列中使用了这一技术，又如办公椅中海星脚的结构形式也被广泛地使用。

图5-5　木材和亚克力的搭配

图5-6　相同造型、不同材质的搭配

（3）替代设计

在家具开发设计中，用某一事物替代另一事物的设计为替代设计。通常的替代设计有以下材料替代、零部件替代和技术替代等。

材料替代——在家具设计中通常使用的材料有木材、金属、塑料、竹、藤、玻璃、石材、皮革、织物等。不同的材料会营造出家具不同的风格特点，即便是相同造型的家具，用不同材料来表现它，也会产生不同的视觉感受（图5-5、图5-6）。

零部件替代——在大工业生产的要求下，经常会遇到零部件替代的问题，这同一种替代的目的或许是为了改进连接方式、生产工艺以及方便运输等问题，使其产品更加优化，资源利用合理化。

技术替代——相同功能的家具，用不同的技术手段加以完善，其优势在于可提高产品品质，降低物耗，节约成本、方便运输。新技术的应用是推动家具革命的关键因素之一。

（4）移植设计

移植时设计类同于模仿设计，但不是简单的模仿。移植设计是沿用已有的技术成果，进行新的目的要求下的移植、创造，是移花接木之术。移植设计的方法通常有原理移植、功能移植、结构移植、材料移植、工艺移植等。移植并非简单的模仿，最终的目的还在于创新。在具体实施中要将事物中最独特、最新奇和最有价值的部分移植到其他事物中去。如，将沙发的靠背移植到床屏中去，将气动原理用于办公椅和吧椅等、电动按摩床、床架的助力支撑等。

5.2

家具新产品开发流程

　　家具新产品的开发，具体的设计创意、设计程序是设计的关键。除了需要家具设计师用正确的设计观和设计思想来指导设计工作以外，一个与之相适应的、科学合理的计划工作程序也非常重要。由于家具产品开发设计所涉及的产品和行业非常广泛，不同产品的外观造型和内部结构的复杂程度也相差很大，再加上不同的企业对设计工作的要求也不尽相同，因而有时设计工作的程序就会有所不同。但是总的来说每一件产品的设计，还是有一个基本的设计流程。企业和设计师可以根据产品的特点和当时的具体情况，把基本流程与具体实践相结合，创造性地灵活运用（表5-1）。

表5-1　完整的家具设计开发程序

　　在以上的工作程序中，每一项任务完成之后都要经过认真的审核与评价，这样才能为下一步的工作打好基础。在这当中，有些工作是要求家具设计师独立完成的，如制定设计计划、设计草图、效果图等，还有一些工作要求家具设计师必须与企业中的其他各部门密切配合才能很好地完成。

5.2.1　设计准备阶段

家具的设计与开发是以市场为导向的创造性活动，它要求满足消费市场大众的需求，同时又能批量生产、便于制造，更重要的是为企业创造效益。无论是驻厂设计师还是自由设计师，正确理解企业的产品开发的战略和意图都是非常重要的。只有了解了企业新产品开发的目的，设计师才可能明确设计的目标，进行有针对性的设计。

承接设计任务后，职业设计师首要的工作就是要全面掌握资料，开展市场调查，只有从最广泛的各个层面上搜集资讯进行调查，才能保证设计的成功，提高开发新产品的市场竞争力。

（1）互联网与专业期刊资料的资讯搜寻

对于信息时代的设计师来说，设计师可以通过电脑、手机等媒介迅速上网浏览、搜集专业资料，网络是汲取他人经验，扩展自己的思路，提高工作效率的有效途径。在获取资讯的时候，一定要注意其真实性和时效性，在可能的情况下，一定获取第一手资料，这样的资料才有比较好的参考和利用价值。

除互联网外，中外专业期刊、设计年鉴、专业著作、家具图集、科技情报、专利信息也是专业资讯搜寻的重要信息，我们要善于分门别类整理收集，并形成个人的专业资料库。

（2）家具市场的调研

家具新产品开发是一项有计划有目的的活动，企业生产的产品不是毫无根据地仅仅凭着设计师的丰富想象力设计出来的。产品的造型设计千变万化，新设计开发的家具想要在市场中具有竞争力，就必须满足消费者的需求，解决家具在不同使用空间、使用状态、物质和精神需求所遇到的实际问题，只有这样的产品才能有良好的市场反应，才能达到新产品开发的目的，因此，市场调研是设计师在产品开发设计当中提出问题和解决问题的必要方法。

对家具市场、商城的调研包括对消费者心理需求和消费行为的了解；对市场行情的了解和对潮流趋势的预测；对现有产品的特点和市场占有率的了解等内容。我们要善于在市场中通过问卷调查、随机访问、观察等方式，全面了解家具销售商及不同消费者对产品造型、色彩、装饰、包装运输的意见和要求。

（3）家具博览会，家具设计展的观摩与调研

国际与国内每年都要定期举办家具博览会，这是观摩学习家具设计搜集专业资料的最佳机会。家具博览会是反映最新家具设计和市场销售的晴雨表。特别是国际家具业的三大展：意大利米兰国际家具展、德国科隆国际家具展、美国高点国际家具展都是荟萃全球家具精品的国际家具业盛会。

国内近年来家具博览会也风起云涌，热闹非凡，影响较大的有上海举办的中国家居博览会、广州国际家具博览会、深圳国际家居展、东莞国际名家居展、成都国际家居展等。近年来中国家具业发展迅猛，博览会的规模和数量也越来越多，值得可喜的是家具创意设计也越来越引起行业重视，各大家具展上同时都举办家具设计大赛、家具设计评奖和创意家具产品展示等环节，对促进中国现代家具设计具有深远的意义。

（4）家具工厂生产工艺的观摩、调研与实践

从事家具的设计与开发，必须对家具的生产工艺流程、家具的零部件结构要有清晰的了解和掌握，最好的办法就是到各个不同的专业家具工厂作实地的观摩、学习和实践，如板式家具、实木家具、办公家具、软体家具、金属家具等不同的专业家具在生产工艺结构、材料上是各不相同的。家具设计非常有必要针对性地到对口的家具工厂生产第一线作专业观摩调研和实践，熟悉专业生产工艺、设备、材料加工工艺，才能保证设计过程的每一环节落到实处，保证产品设计最终得以实现。

在初步完成了产品开发市场资讯的搜寻工作后，要对所搜寻的资讯进行分析和系统整理，作出科学结论或预测，编写出完整的图文并茂的新产品开发市场调研报告书，供新产品开发设计的决策参考和设计立项依据。

5.2.2　设计构思阶段

家具设计方案的构思阶段，在整个设计过程中起主导作用，设计构思的目的是获得各种构思方案以及方案的变体，不断寻求最佳产品效果的构成原理，这一阶段是一个复杂、反复的过程，它的工作内容主要是设计定位和设计创意两方面。

（1）设计定位和设计创意

设计定位是指在设计前期资讯搜寻、整理、分析的基础上，综合一个具体产品的使用功能、材料、工艺、结构、尺度和造型、风格而形成的设计目标或设计方向。在此基础上确立设计目标和设计方向如果定位准确，会为设计取得事半而功倍的效果。

设计定位不等同于家具具体造型具体形象，它更多的是原则性的、方向性的，甚至是抽象性的，它只是在整个家具开发设计过程中起设计方向或设计目标的作用，是着手进行造型设计的前提和基础。在实际的设计工作中设计定位可能是在不断地变化，这种变化其实就是设计进程中创意深化的结果，是设计最佳点形成的过程。

设计创意就是运用创造性思维进行构思，寻找设计的突破口，这种设计思维过程需要具有较强的敏感性，要能打破传统观念的束缚，要具有一定的创新性，从新功能着眼、从新材料、新工艺切入，使产品开发设计中的各个构成元素通过创意思维激活，逐渐形成新产品设计的构成框架。一般认为，家具设计在构思阶段是难度最大的，为能获得一个较为满意的构思，设计师需要花费大量的时间和精力，往往要查阅大量相关资料来获得启迪，为设计创意灵感的迸发做有益的铺垫。设计灵感的触发一般出现在最初一轮的构思中，这时的想法往往个性化最强，设计师应把这种想法及时迅速地捕捉下来，可能成为下一步个性化创意设计的基础。

（2）设计构思的表达

绘制草图是一个把设计构思转化为现实图形的有效手段。产品设计的主体构思基本上是在构思草图阶段完成的，草图的表现形式多种多样，根据设计任务的不同阶段，我们通常把草图分为构思草图和设计草图。

①构思草图：绘制构思草图是对家具设计师在产品造型设计中的思维过程的再现，它可以帮助设计师迅速地捕捉头脑中的设计灵感和思维路径，并把它转化成形态符号记录下来。不用对其中的细节过多地修饰，待构思设计阶段完成后，再返回来修改这些未经梳理的方案。淘汰其中不可行的部分，把有价值的方案继续修改完善，直到满意为止。那些混乱的不规则的形态虽然并不能直接形成完美的设计，但它们经常可以牵动设计师的联想，使设计师的思路不会固定于某一具体形态之上，这样就很容易产生新的形态和创意（图5-7）。

构思草图一般使用铅笔、钢笔、针管笔、马克笔、色粉等简单的绘图工具徒手绘制。构思草图的表现形式可以是透视图，也可以是产品各个面和各角度的平面视图，甚至是简单到只有设计师自己才能看懂的几根线条。对构思草图的唯一要求是草图的数量一定要多，因为只有通过大量地绘制构思草图，设计师才能充分拓展自己的设计思路，并从中筛选出符合各项要求的设计方案，为最后的定稿打下基础。

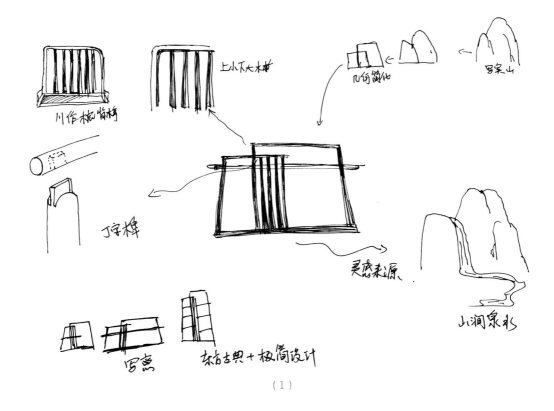

川作梳背椅

上小下大木桩

几何简化

玉泉山

丁字榫

灵感来源

山涧泉水

写意

东方古典＋极简设计

（1）

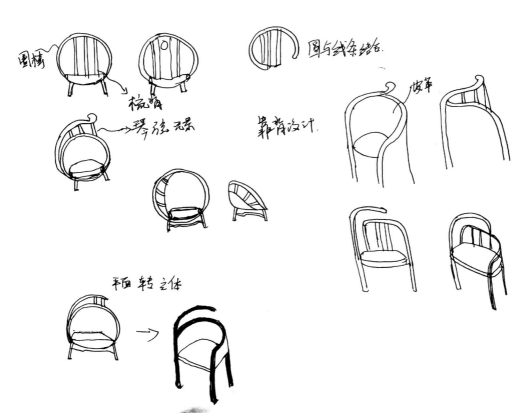

圈椅

图与线条结合

梳背

扶手

琴弦元素

靠背设计

平面转立体

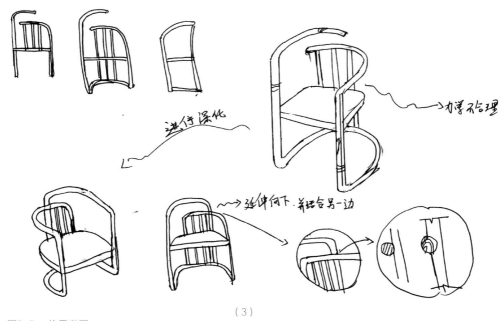

（3）

图5-7　构思草图

②设计草图：经过设计师整理、选择和修改完善的草图，是一种正式的草图方案（图5-8）。设计草图可分为样式草图和结构草图。样式草图是从构思草图中挑选的可以继续深入的、可发展的设计方案，除表达大体的形态外，还需要概略地表达出细部处理或色彩表达。结构草图则应该将产品造型的局部结构、装配关系、操作方式、形体过渡等设计的主要内容表现出来，一些用透视画法表达不清的地方，也可以加上平面视图，或是文字说明。在设计前期，家具设计师必须通过设计草图这种简单的形象化表达方式，与企业决策层、生产、销售等各部门人员进行交流，共同评价草图方案的可行性，为下一步的设计确定方向。用来进行设计评价的正式设计草图一般以3～5幅为宜。过多，容易使人失去选择的方向感；太少就没有了选择的余地（图5-8）。

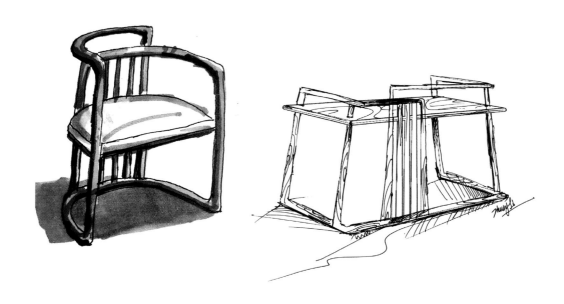

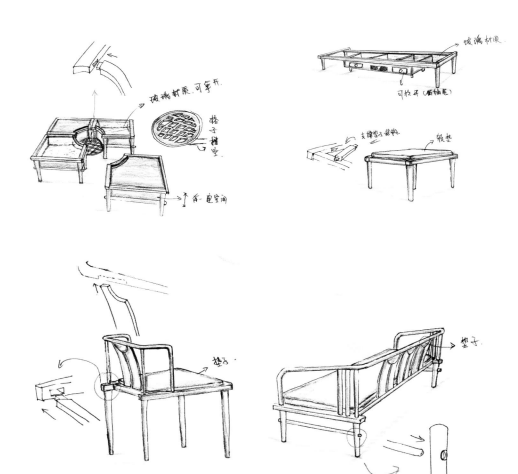

图5-8　手绘设计草图

设计草图从它的表现方法上可以分为手绘草图和电脑草图。手绘草图一般是用铅笔、钢笔、针管笔来勾线，用马克笔、色粉笔来着色的方法绘制。手绘草图的优点是速度快，便于推敲方案。徒手绘制的不确定线条和色彩很容易激发人们更多的想象力，从而有可能不断地产生新的创意。但同样是这种不确定性，有时也会给设计的评价带来很多麻烦，因为在评价这种手绘草图的方案时，很可能由于人们审美的差异，导致不同的人对同一个草图方案可能会有不同的理解，尤其是面对一些没有经过造型设计训练的企业家和工程师的时候，使用手绘草图来评价设计往往就会产生一些误解。

不同的家具企业对草图的要求是不同的，有经验的家具企业可能只需要看手绘草图，就可以加以判断，而有些家具企业则需要电脑草图（图5-9）。电脑草图往往配合电脑外接手绘板，在需要修改时，设计者可以针对局部非常直观、及时地进行图示化编辑修改，推敲形态更方便、更精确，减少了设计中修改工作所消耗的时间，提高了设计速度。

设计草图的好坏直接关系到企业对设计方案的决策，一些好的设计构思和想法，有时候可能会由于草图的效果表现不够充分而被企业否决。因此，在设计草图阶段，设计师不管是用手绘草图还是用电脑草图，都要注意方案表达的准确性和艺术性。

图5-9　电脑草图

5.2.3　设计深入与细化阶段

经过构思阶段的推敲，产品设计的主体思想基本确定，这个过程从最初的草图开始，逐步地深入到产品的形态结构、材料选用、色彩搭配等相关因素的整合，把家具的基本造型进一步用更完整的设计草图、三视图、效果图和比例模型的形式表达出来，这就是设计的深入。

在家具造型设计基础上进行材质、肌理、色彩的装饰设计。在造型、材质、肌理、色彩、装饰设计的基础确定之后，还应进行大量的细节推敲与情感化设计。家具细节的设计研究应注意如下内容：①分析家具的各部分结构合理性，及时修正设计方案；②人体工学的尺度推敲分析；③关键部位（如构件穿插处、材料接头处、形体转折处与形状变化处等）的处理；④材质、肌理、色彩、装饰图案的不同组合效果分析（图5-10）。

图5-10　座面细节设计图（设计：余建国）

在完成了深化和细节设计后，要把设计的阶段性结果和完成成熟的创意表达出来，作为设计评判的依据，提供给生产的技术部门作为制造的依据，表达的方式有三视图、三维立体效果图和比例模型制作等。效果图和模型要求准确、真实、充分地反映未来家具新产品的造型、材质、肌理、色彩，并解决与造型、结构有关的制造工艺问题。

（1）三视图

家具的三视图主要反映家具的外观形态和基本功能尺寸（图5-11）。

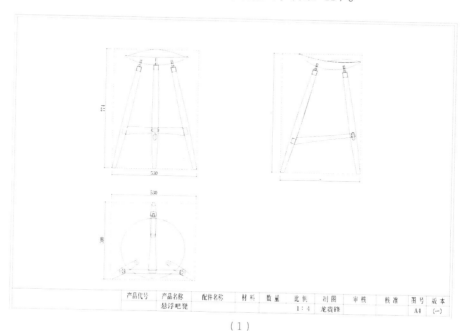

（1）

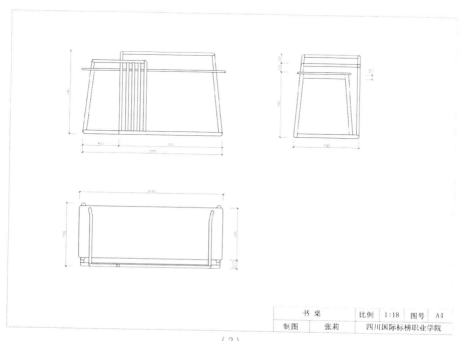

（2）

图5-11　家具三视图（单位：mm）

（2）三维立体效果图

随着计算机辅助设计软件的迅猛发展，三维立体效果图的表现技法和技能更加丰富多彩。强大的三维图形设计软件配有丰富的材质库和各种光源、环境效果，设计者可以设计出更逼真的立体形象（图5-12），常用于家具设计的计算机辅助设计软件有CAD、3DMAX、Rhino（犀牛）、CorelDraw、Photoshop、VRay、KeyShot等。此外酷家乐、三维家、圆方等软件也越来越流行和普及。

（1）系列家具效果图（设计：张莉）　　　　　　　　　　（2）悬浮吧凳（设计：余建国）

图5-12　电脑效果图

（3）比例模型

家具产品开发设计不同于其他设计，它是立体的物质实体性设计，单纯依靠平面的设计效果图检验不出实际造型产品的空间体量关系和材质肌理，模型制作是家具由设计向生产转化阶段的重要一环，最终产品的形象和品质感，尤其是家具造型中的微妙曲线，材质肌理的感觉必须辅以各种立体模型制作手法来对平面设计方案进行检测和修改。

在这方面，世界上很多家具设计大师的经典成功作品也是证明了模型制作是家具产品开发中的重要表现方法与手段，芬兰建筑与家具设计大师库卡波罗的Karoselli椅的设计创造，光制模阶段的设计实验就耗时1年，一开始是尝试按身体形状坐在一堆网络线里形成外形，然后固定在管状骨架中，用浸过石膏的麻布覆盖，不断进行修改，推敲人体工学最佳尺度，最后是玻璃钢铸造，以皮革软垫饰面，钢制弹簧和橡胶阀将椅座和椅子底部连接，贴体舒适转动自如。

模型制作常用木材、黏土、石表和塑料板材或块材以及金属、皮革、布艺等，使用仿真的材料和精细的加工手段，通常按照一定的比例（1：10或1：5）制作出尺寸精确，材质肌理逼真的模型（图5-13）。模型制作也是设计程序的一个重要环节，是进一步深化设计，推敲造型比例、确定结构细部、材质肌理与色彩搭配的设计手段。

图5-13　家具模型制作

5.2.4 设计定型阶段

当家具设计方案确定以后，就可进入技术设计阶段。全面考虑家具的结构细节，具体确定各个零件、部件的尺寸、大小、形状及它们相互结合的方式和方法，完成生产用的有关图纸和技术文件。这一过程所有的结构都必须具体化，材料和加工工艺也都要落实到位。

（1）绘制生产图纸

生产施工图是技术设计的重要文件，也是新产品投入批量生产的基本技术文件和重要依据，包括结构装配图、零部件图、局部详图、大样图和拆装示意图等，加上前面完成的三视图和设计效果图构成完整的图纸系列文件用以指导生产。

①结构装配图：家具的装配图是表达家具内外详细结构的图样，主要包括零件间的接合装配方式、一般零件的选料和零件尺寸的确定等。在框式家具中应用较多。通常以剖视图和局部详图的形式表达（图5-14）。

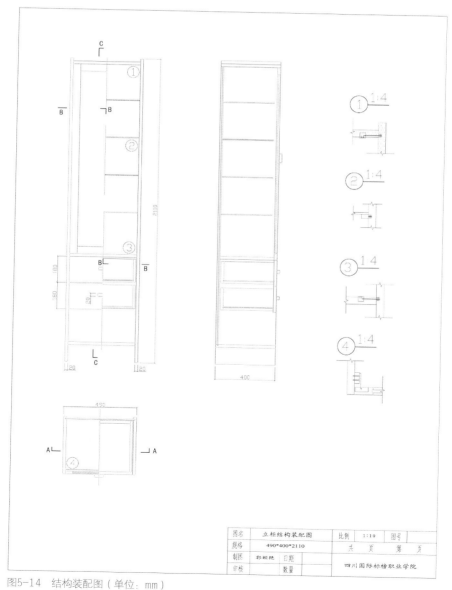

图5-14　结构装配图（单位：mm）

②部件图：家具各个部件的制造装配图，介于总装图与零件图之间的工艺图纸，简称部件图。它画出了该部件内各个零件之间的形状大小和它们之间的装配关系，并标注了部件的装配尺寸和零件的主要尺寸。有时候可以用部件图代替零件图，作为加工部件和零件的依据。

③零件图：家具零件所需的工艺图纸或外加工外购图纸，简称零件图。它画出了零件的形状，注明了尺寸，有时候还提出工艺技术要求和加工注意事项。

④大样图：在家具制造中，有些结构复杂而不规则的特殊造型和结构，不规则曲线零部件的加工要求，需要绘制1∶1、1∶2、1∶5的分解大样尺寸图纸，简称大样图（图5-15）。

⑤拆装示意图：对于拆装式家具，为了方便运输、销售和使用，一般需要有拆装的图纸供安装时参考，拆装示意图一般是以立体图形式表示家具各零部件之间的安装关系与方法，常用轴测图绘制（图5-16）。这种图样一般按照家具装配的顺序进行编号，以简单易懂文字进行说明。

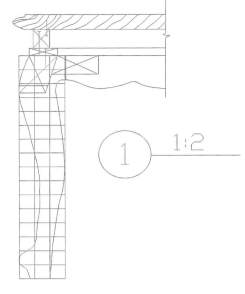

图5-15　大样图

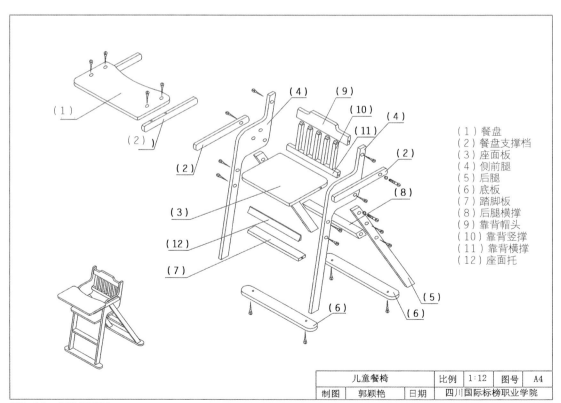

（1）餐盘
（2）餐盘支撑档
（3）座面板
（4）侧前腿
（5）后腿
（6）底板
（7）踏脚板
（8）后腿横撑
（9）靠背帽头
（10）靠背竖撑
（11）靠背横撑
（12）座面托

儿童餐椅		比例	1∶12	图号	A4
制图	郭颖艳	日期		四川国际标榜职业学院	

图5-16　拆装示意图

（2）设计技术文件

①零部件明细表：主要反映全部零部件规格、用料和数量的生产指导文件。各个企业格式可能不同，但内容基本一致（表5-2）。

表 5-2　零部件明细表

序号	部件名称	开料尺寸			精截尺寸			数量	材质、备注
		长	宽	厚	长	宽	厚		

②材料明细表：根据零部件明细表分别对材料、五金件等辅料进行汇总计算与分析（表5-3）。

表5-3　材料明细表

序号	材料名称	规格	单位	数量	材料	备注

③工艺技术要求：对所设计的家具产品进行生产工艺分析和生产过程制定，即拟定该产品的工艺过程和编制工艺流程图，有的还需要编制该产品所有零件的加工工艺卡片等。

④零部件包装清单：现在，多数拆装结构家具都是采用专用五金件进行连接和拆装，是板块纸箱包装或部件包装，进行现场装配。包装时要考虑一套家具的包装件数，内外包装材料，以及包装规格和标志。每一件包装箱内都应有包装清单（表5-4）。

表5-4　包装清单

序号	层位	零部件名称	规格	数量	备注

⑤产品装配说明书：要求说明产品的拆装过程，使用户一目了然，操作简单。详细画出各连接件的拆装图解（包括步骤、方法、工具和注意事项等），并附详细的装配示意图和总体效果图。

⑥产品设计说明书：对于一套完整的设计技术文件，没有说明书就不能算是一项完美的设计，编写产品的说明书既有商业性，又有技术性，其主要内容包括：产品的名称、型号、规格；产品的功能特点及使用对象；产品外观设计特点；产品对选材用料的规定；产品内外表面装饰内容、形式等要求；产品的结构形式；产品的包装要求、注意事项等。

5.2.5 设计后续阶段

在施工图纸和设计文件完成以后，新产品的开发还应完成如下过程。

（1）产品放样

有了规范的加工图纸就可以进行产品试生产，也就是我们常说的产品放样。样品制作既可在样品制作间完成，也可在车间生产线上逐台机床加工，最后进行装配。样品试制之后应进行试制小结，对样品的尺寸、外观进行审查评议，对家具性能进行检测，提出存在的问题。样品制作中出现的问题需仔细进行记录，并且与样品一起交各部门评审，并确定修改意见。对放样后产品进行评价和调整，一般来讲在进行新产品评估时应该由企业的设计部、销售部、技术部、生产车间等共同参与，综合考虑，全面评价，达成共识（图5-17）。

图5-17　产品样品

（2）市场营销策划

每一项新产品开发设计完成后，都需要尽快地推向市场，要保证新产品获得广泛的社会认可占领市场份额，扩大销售，需要制订完备的产品营销策划，新产品营销策划是现代市场经济中产品开发设计整体工作的延续和产品价值最终实现的可行性保障。

营销策划包括新产品广告与包装设计、新产品售后服务及展示效果设计等。

新产品的最终目标价值实现，单靠自身设计构成不行，仅仅靠一个好的营销策划也不够，还必须在实际运作实操中不断跟进，不断完善设计，及时发现问题，及时准确地采取对策和措施，从而保证新产品的开发设计能创造出更高的社会效益和经济价值。

家具设计实例

家具创新产品设计是设计师的重要课题，也是设计师创造能力的较高体现。作为现代设计师一定要树立创新意识，头脑中时刻保持发现问题的敏感性和吸收新知识的欲望，对新生活和事物进行不断的思考和探索，保持创造的动力。下面将教学过程中比较优秀的设计作品以设计案例的形式体现出来，供读者参考。

5.3.1 项目设计方案一 玄关柜设计

设计团队：四川高晟家具有限公司
产品类型：玄关柜设计

图5-18

（1）设计定位

设计之前收集大量的资料，分析后确定风格、材质、使用空间等（图5-18）。
风格：现代玄关柜
材质：水曲柳+铜
使用空间：入户空间

玄关柜设计

（2）产品创意设计及说明

采用东方古典仪式感，流畅写意的线条。展现出优美轻盈的视觉效果，整个作品充满曲线的雕塑感。

优选高品质水曲柳实木，承重出色，优美的纹路增添视觉美感。对木作的精雕细琢，纯手工打磨，温润的触感，板栗色的油漆色，自然温暖实木材质，看得见摸得着的自然纹理。

自然流动的铜线，贯穿着视觉中心，镜片嵌入到木作间，像是自然界的万年木根上放置了多年的圆镜，充满了生命力（图5-19至图5-21）。

图5-19　设计草图

图5-20　最终的实物效果图

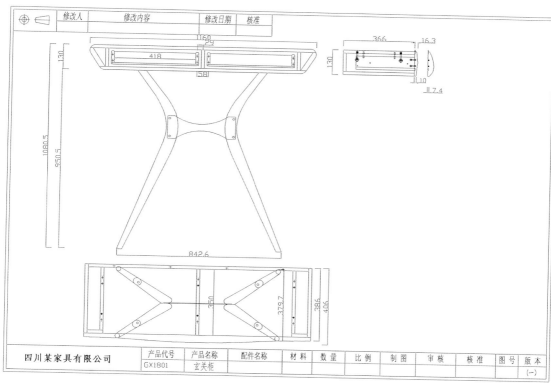

（a）

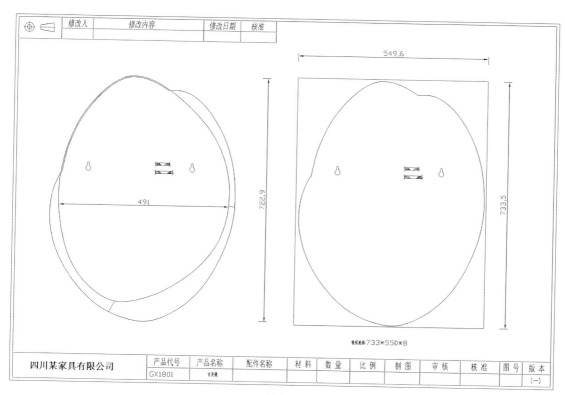

（b）

图5-21　结构工艺图纸图（单位：mm）

5.3.2　项目设计方案二　适老化家具设计

设计：杨钧琳

设计作品：椅几

指导教师：郭颖艳

图5-22

（1）设计定位

产品类型为多功能适老化家具设计（图5-22）。

材质：白椿木+布艺

针对人群：自理老人

适老化家具设计

（2）设计构思

设计说明：本案旨在为老人带去温馨舒适、安全质朴的优质居家生活。将参禅与修心融合，是为静心、洁心、静心、禅心也。造型上将椅子与边几结合，功能上将坐具、香薰、恒温加热装置相结合，形式简洁大方、舒适方便，不乏现代美学的体现（图5-23）。

图5-23

（3）造型设计与方案深入

①草图设计。构思草图可以清晰地看到设计构思的发展变化过程（图5-24）。

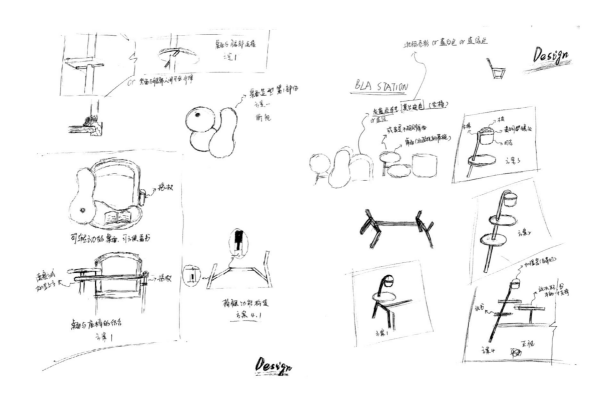

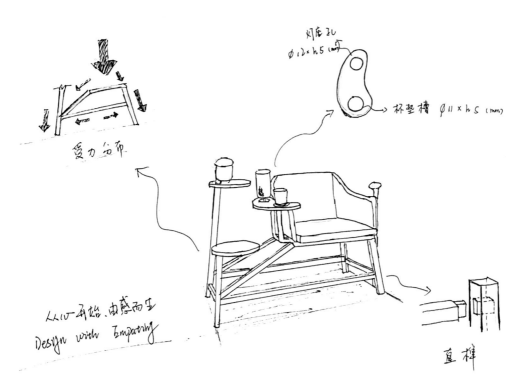

②效果图设计与制作。在草图设计的基础上，运用计算机软件制作三维效果图，下图为产品的透视效果图与六视图（图5-25）。

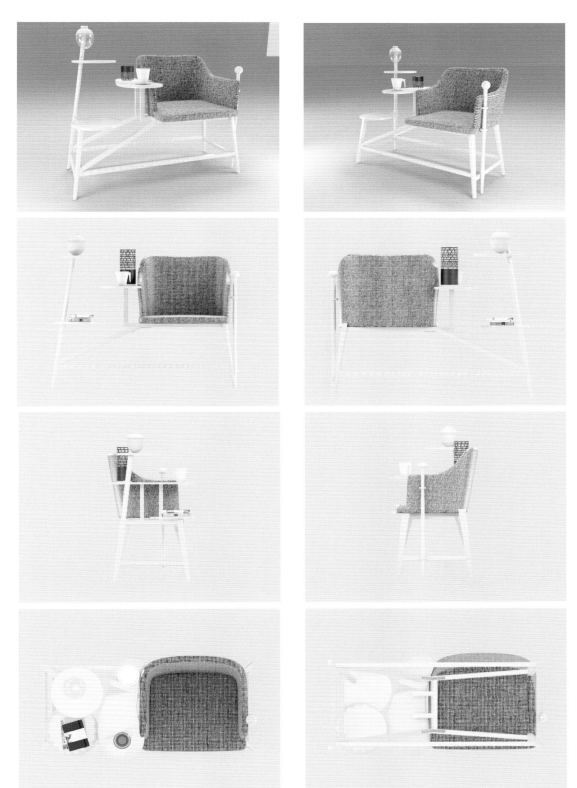

图5-25

③细节设计。在家具的大致形态确定后，进行大量的细节推敲与情感化设计，包括材质、肌理、色彩搭配与细节设计等（图5-26）。

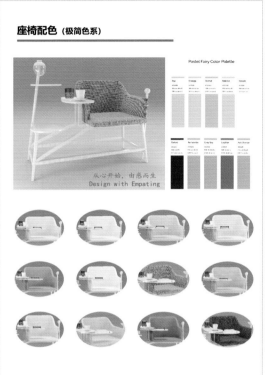

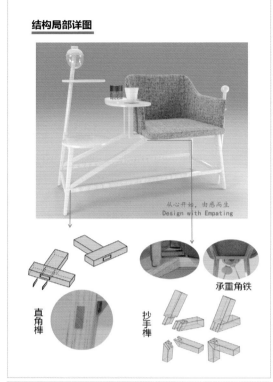

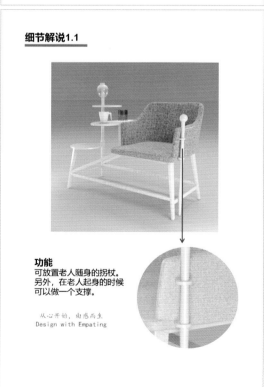

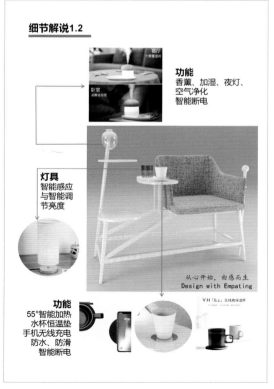

图5-26

④方案延伸设计。通过系列化设计使方案延伸到运用场景（图5-27）。

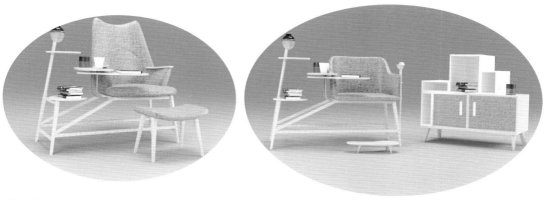

图5-27

（4）家具结构与工艺设计

家具结构工艺三视图（图5-28）和部件结构图（图5-29、图5-30）表达出来，然后用材料（图5-31）和生产工艺流程制作（图5-32、图5-33）。

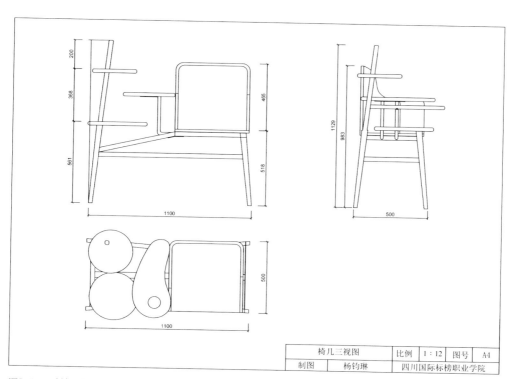

椅几三视图		比例	1：12	图号	A4
制图	杨钧琳	四川国际标榜职业学院			

图5-28　《椅几》三视图（单位：mm）

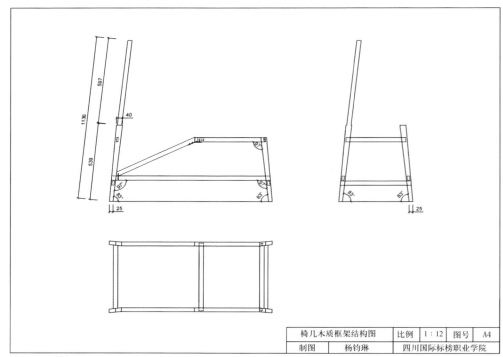

椅几木质框架结构图		比例	1:12	图号	A4
制图	杨钧琳		四川国际标榜职业学院		

图5-29 《椅几》木质框架尺寸（单位：mm）

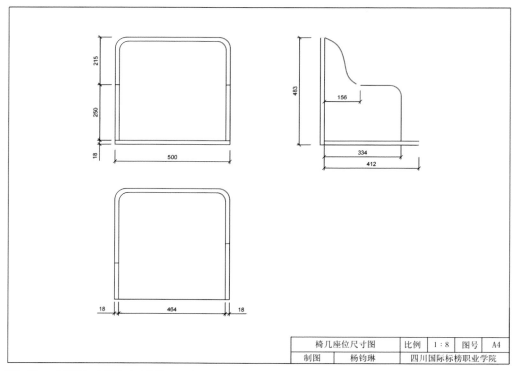

椅几座位尺寸图		比例	1:8	图号	A4
制图	杨钧琳		四川国际标榜职业学院		

图5-30 《椅几》座位尺寸（单位：mm）

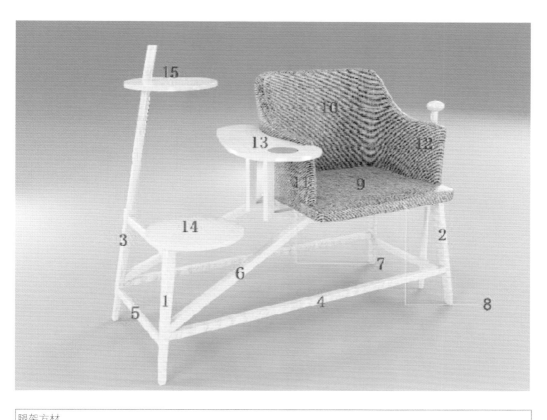

腿架方材

编号	部件名称	数量	开料尺寸			精裁尺寸		
			长	宽	高	长	宽	高
1	腿架(左前)	1	45	45	560	40	40	540
2	腿架(右)	2	45	45	520	40	40	500
3	腿架(左后)	1	45	45	1160	40	40	1140
4	底座横档	1	45	35	1065	40	30	1045
5	底座拉档	2	35	35	465	30	30	445
6	底座斜档	2	35	35	580	30	30	560
7	座椅下拉档	2	35	35	440	30	30	420
8	座椅下横档	2	35	35	510	30	30	490
9	座椅面板	1	500	415	15	500	415	15
10	座椅背板	1	500	480	15	500	480	15

异形板件

编号	部件名称	数量	开料尺寸					
			长	宽	高			
11	座椅旁板 (左)	1	480	250	15			
12	12座椅旁板 (右)	1	480	415	15			
13	边几面(右)	1	545	260	15			

规则板件

编号	部件名称	数量	开料尺寸	精裁尺寸				
			半径	半径				
14	边几面 (左下)	1	205	200				
15	边几面(左上)	155	150					

图5-31　材料明细（单位：mm）

图5-32　生产工艺流程图

备料

选料

断料

划线　　纵锯　　　　　　　平刨
　　　板面裁解（台锯）腿架制作
裁准　　　　　　　　　　　压刨
（带锯）
　　　　　　　　　　　　划线
打磨　座椅制作　框架组钉　（基准）

桌面　制作　　底层纱布　　定长、宽、厚

钻孔　　　　　贴海绵　　　出榫　　　机械
加工
开槽　　　　　外套裁剪　　开槽

铣边　　　　　扪皮　　　　钻孔

打磨　　　　　试装　　　　铣型

试装　　　　整体试装　　　打磨

　　　　　　　上胶　　　　试装

上夹具、整装、清胶

下夹具、质检　　　　　　　组装

手清砂、上木蜡油

成品

台锯——断料

曲线锯——裁型

打胶上夹具——组装框架

放样——定尺寸

图5-33　制作过程部分图

5.3.3　项目设计方案三　现代坐具设计

设计团队：何虹霓　唐深忠
指导教师：吴哲　向前
结构方式：实木榫卯结构+藤编坐垫靠背

（1）设计定位

通过收集整理现代家具产品设计的图片为自己的设计提供方向和参考，如Ceccotti家具设计、Giorgetti家具设计、梵几产品设计、十二时慢产品设计等（图5-34至图5-36）。

图5-34

图5-35

图5-36

设计项目：设计一款现代民用椅子

风格：现代风格家具产品

材质：白蜡木+藤编坐垫靠背

使用空间：客厅、茶室、休闲场所等

用户要求：大气、有现代感、舒适、简洁

（2）椅子创意设计

椅子整体造型多为圆弧，给人一种亲近温馨的感觉。北美白蜡木框架胡桃色与天然藤编相结合，突出自然材质的质感与色彩。藤编为八角眼编法，色彩纹理与实木一样美观。藤面四周压条为完整的一根，只保留一个接口，更美观，配合椅面的弧度用曲线包边。扶手内侧有切面，椅子整体内容更丰富。椅子腿型用了由上至下由细至粗的渐变设计。

椅子设计过程需要充分发挥设计师的创造性思维，在这个过程中可以使用5W／2H法来进行。5W／2H是英文：What（何物）、Why（为何）、Who（何人）、When（何时）、Where（何地）与How（如何）、How much（水平）的缩写。5W／2H法有时也不一定能涵盖所有的设计思路，但可以帮助分析，使许多隐性的要求明朗化。此时，再加上用材工艺等必要的项目就可以逐步形成一个隐约的设计轮廓。以椅子设计为例，5W／2H法可以派生出以下内容：

何物：办公椅、休闲椅、沙滩椅、沙发椅、摇椅。

为何：处理公务、进餐、上课、郊游。

何人：男性、女性、老人、少年、儿童、公务员、教师、学生、作家。

何时：临时用、长期、白天、夜晚。

何地：南方、北方、住宅、公共阅览室、户外、书房、客厅。

如何：拆装、固定、可折叠、可移动、可调节、多功能、能放置杂物。

水平：好用的、好看的、打动人的、创新的、亲和的、好卖的。

根据"椅子"所分解的上述内容，结合其他类似的具体要求，椅子的设计内容就可以比较清晰地呈现出来了。不同的家具产品设计，都可以按5W／2H法做出更为细致的分析。

（3）设计草图及效果图

最终确定的设计草图（图5-37）：

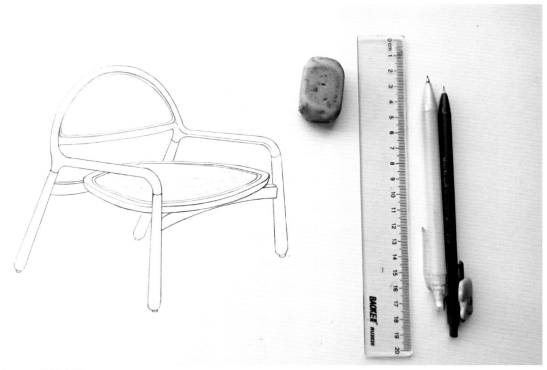

图5-37　设计草图

草图确定以后需要在电脑上将三维模型建立出来，并渲染出图（图5-38至图5-40）。

既起到保护作用，又有点缀作用的脚垫×4

图5-38　　　　　　　　　　　图5-39　　　　　　　　　　　145

扶手内、外切面效果

前后横撑
切面效果（保留一个分明的斜切面，
转角不用过于圆滑）

图5-40

（4）实物样品图

设计草图及效果图确定之后就要联系家具生产厂家，对产品的尺寸、材质、细节、结构、工艺、装饰等细节进行协商，设计师与生产厂家保持沟通，确保产品按照设计师的思路与想法生产出来。最终的实物效果在细节上还是有没有体现出来的地方，最典型的就是扶手的斜面没有做出来，但整体效果还是不错（图5-41至图5-44）。

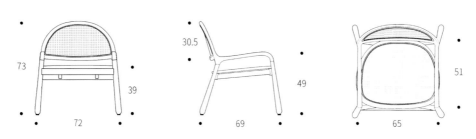

73

39

72

30.5

49

69

51

65

CM

图5-41　尺寸图

图5-42　实物图1

图5-43　实物图2

图5-44　实物图3

项目训练——家具新产品开发

项目名称	项目一：单体家具新产品开发设计
	项目二：成套家具新产品开发设计
训练目标	通过一个完整的家具方案设计，掌握家具创新设计的方法，熟悉家具设计岗位工作流程与岗位要求
	通过一个完整的成套家具方案设计，掌握家具创新设计的方法，熟悉家具设计岗位工作流程与岗位要求，注重成套家具产品之间的协调统一
训练内容和方法	为家具设计及设计文件的制作，要求按照家具设计的步骤，徒手绘制构思草图和设计草图，利用绘图工具绘制家具的生产图纸和效果图，编写各种生产明细表及清单。撰写设计说明，自行设计封面并装订成册
	为成套家具产品的设计及设计文件的制作，强调的是不同家具产品之间的协调统一，如材质、色彩、造型元素、结构、工艺、细节表现等方面。要求按照家具设计的步骤，徒手绘制构思草图和设计草图，利用绘图工具绘制家具的生产图纸和效果图，编写各种生产明细表及清单。撰写设计说明，自行设计封面并装订成册
考核标准	考核方式分为过程考核和结果考核，其中过程考核占30%，结果考核占70%。过程考核主要考核学生完成任务的态度、团队协作能力、过程参与、沟通协调能力等社会和方法能力。结果考核主要考核学生的专业能力，按照所完成方案的完整性和质量进行考核评分

学习评判

一级指标	二级指标	评价内容	分值	自评	互评	教师	企业专家	客户
工作能力	小组协作能力	能够为小组提供信息，阐明观点等	10					
	实践操作能力	家具产品设计方案制订能力	10					
		家具产品设计开发能力	10					
		家具产品设计方案展示能力	10					
	表达能力	能够正确地组织和传达工作任务的内容	10					
	设计与创新能力	能够设计开发出符合大众审美的家具产品	10					
		能够设计出独具创意的家具产品	10					
家具作品设计	职业岗位能力	创新性、科学性、实用性	10					
		解决客户的实际需求问题	10					
		客户满意度	10					
总分			100					
个人小结								

模块 6

家具与室内陈设设计

知识目标

理解家具在室内空间环境中的作用，掌握家具的选择与布置方法、室内陈设的选择与布置方法，熟悉室内各种陈设风格的特征及主题元素。熟悉陈设设计工作流程，能根据客户要求，制订完整的室内陈设方案。

能力目标

（1）对新中式家具具有一定的陈设搭配能力；
（2）掌握软装设计工作流程及方法；
（3）掌握家具设计的方法及布置原则和尺度关系。

素质目标

（1）增强审美意识，提高审美能力；
（2）培养科学的观察方法和思维动向；
（3）通过对中式风格和西式风格家具陈设分析，了解中式风格家具在现代室内陈设中的运用，弘扬优秀传统文化，增强民族文化自信。

课件

西羌文化在家具创新
设计中的运用方法

6.1

家具的选择与布置

6.1.1 家具布置与空间的关系

（1）位置合理

室内空间的位置环境各不相同，在位置上有靠近出入口的地带、室内中心地带、沿墙地带或靠窗地带以及室内后部地带等区别，各个位置的环境如采光效率、交通影响、室外景观各不相同。应结合使用要求，使不同家具的位置在室内各得其所。

（2）方便使用、节约劳动

同一室内的家具在使用上都是相互联系的，如餐厅中餐桌、餐具和食品柜，书桌和书架，厨房中洗、切等设备与橱柜、冰箱、蒸煮用品等的关系。它们的相互关系是根据人在使用过程中感到方便、舒适、省时、省力等活动规律来确定。

（3）丰富空间、改善效果

空间是否完善，只有当家具布置以后才能真实地体现出来，如果在未布置家具前，原来的空间有过大、过小、过长、过狭等，都可能成为某种缺陷的感觉。但经过家具布置后，可能会改变原来的面貌而恰到好处。因此，家具不但丰富了空间内涵，而且常是借以改善空间、弥补空间不足的一个重要因素。应根据家具的大小、高低，结合空间给予合理、相应的位置，对空间进行再创造，使空间在视觉上达到良好的效果。

（4）充分利用空间、重视经济效益

在重视社会效益、环境效益的基础上，精打细算，充分发挥单位面积的使用价值，无疑是十分重要的。特别对大量建筑来说，如居住建筑，如何充分利用空间应成为评判设计质量优劣的一个重要指标。

6.1.2 家具形式和数量的确定

现代家具的比例尺度应和室内净高、门窗、窗台线、墙裙取得密切配合，使家具和室内装修形成统一的有机整体。

家具的形式往往涉及室内风格的表现，而室内风格的表现，除界面装饰装修外，家具起着重要作用。室内的风格往往取决于室内功能需要和个人的爱好与情趣。

家具的颜色通常是选择家具时首先遇到的问题，其色调的选择应服从室内环境的整体效果。

家具的数量通常根据房间的使用要求和房间面积大小来确定。一般办公室、居室的家具占地面面积的30%~40%；当房间面积较小时，则可能占到45%~60%。

6.1.3　家具布置的基本方法

不论在家庭或公共场所，除了个人独处的情况外，大部分家具使用都处于人际交往和人际关系的活动之中，如家庭会客、办公交往、宴会欢聚、会议讨论、车船等候、逛商场或公共休息场所等。家具设计和布置，如座位布置的方位、间隔、距离、环境、光照等，实际上往往在规范着人与人之间各式各样的相互关系、等次关系、亲疏关系（如面对面、背靠背、面对背、面对侧），影响到安全感、私密感、领域感。形式问题影响心理问题，每个人既是观者又是被观者，人们都处于通常说的"人看人"的局面之中。

（1）从家具在空间中的位置进行划分

①周边式：家具沿四周墙布置，留出中间空间位置，空间相对集中，易于组织交通，为举行其他活动提供较大的面积，便于布置中心陈设（图6-1）。

②岛式：将家具布置在室内中心部位，留出周边空间，强调家具的中心地位，显示其重要性和独立性，分离周边的交通活动，保证了中心区不受干扰和影响（图6-2）。

③单边式：家具集中在一侧，留出另一侧空间（常成为走道）。工作区和交通区截然分开，功能分区明确，干扰小，交通成为线形，当交通线布置在房间的矩边时，交通面积最为节约（图6-3）。

④走道式：将家具布置在室内两侧，中间留出走道。此方法节约交通面积，但交通对两边都有干扰，一般卧房活动人数少，都这样布置（图6-4）。

图6-1　周边式

图6-2　岛式

图6-3　单边式

图6-4　走道式

图6-5　靠墙设置

（2）从家具布置与墙面的关系进行划分

①靠墙布置：充分利用墙面，使室内留出更多的空间（图6-5）。

②垂直于墙面布置：考虑采光方向与工作面的关系，起到分隔空间的作用。

③临空布置：用于较大的空间，形成空间中的空间。

（3）从家具布置格局进行划分

①对称式：显得庄重、严肃、稳定而静穆，适合于隆重、正规的场合（图6-6）。

图6-6　对称式

②非对称式：显得活泼、自由、流动而活跃。适合于轻松、非正规的场合（图6-7）。

③集中式：常适合于功能比较单一、家具品类不多、房间面积较小的场合，组成单一的家具组（图6-8）。

④分散式：常适合于功能多样、家具品类较多、房间面积较大的场合，组成若干家具组、团。不论采取何种形式，均应有主有次、层次分明、聚散相宜（图6-9）。

图6-7　非对称式

图6-8　集中式

图6-9　分散式

6.2.1 室内陈设的意义

空间的功能和价值也常常需要通过陈设品来体现。室内陈设或称摆设，是继家具之后的又一室内重要内容。陈设品的范围非常广泛，内容极其丰富，形式也多种多样，随着时代的发展而不断变化。但是作为陈设的基本目的和深刻意义，始终是以其表达一定的思想内涵和精神文化方面为着眼点，并起着其他物质功能所无法代替的作用。它对室内空间形象的塑造、气氛的表达、环境的渲染起着锦上添花、画龙点睛的作用，也是具有完整的室内空间所必不可少的内容。

同时，也应指出，陈设品的展示也不是孤立的，必须和室内其他物件相互协调和配合。此外，陈设品在室内的比例中毕竟是不大的，因此为了发挥陈设品所应有的作用，陈设品必须具有视觉上的吸引力和心理上的感染力。也就是说，陈设品应该是一种既有观赏价值又能供人品味的艺术品（图6-10）通过艺术的陈设来提升全民艺术素养，推动社会主义精神文明建设；提升全民审美和人文素养的要求，全力推动全民的艺术鉴赏水平提升。

图6-10 陈设品之间的相互协调

图6-11 改善空间形态

6.2.2 室内陈设的作用

（1）改善空间形态

在空间中利用家具、地毯、雕塑、植物、景墙、水体等创造出次级空间，使其使用功能更合理，层次感更强。这种划分方式是从视觉和心理情感上划分了空间，形成了领域感，也就是情感上的归属感（图6-11）。

图6-12 地毯、沙发布艺对室内空间的柔化

图6-13　灯具、绿植对室内氛围的烘托

图6-14　中式风格

图6-15　以黄色、橙色和白色为主题的儿童房

（2）柔化室内空间

现代城市中钢筋混凝土建筑群的耸立，使头顶的蓝天变得越来越狭小、冷硬、沉闷，使人越发不能喘息。人们强烈地寻求自然的柔和。陈设艺术以其独特的质感，象征性地帮助人们寻找失去的自然（图6-12）。

（3）烘托室内氛围

恰当的室内陈设，将给房间带来不一样的氛围，或优美、或幽静、或文艺、或热烈，彰显主人不同的品位（图6-13）。

（4）强化室内风格

合理的陈设设计对空间环境风格起着强化作用，利用陈设的造型、色彩、图案、质感等特性进一步加强环境的风格化（图6-14）。

（5）调节环境色调

室内陈设色彩与空间的搭配，既要满足审美的需要，又要充分运用色彩美学原理来调节空间

图6-16　以绿色和白色为主题

图6-17　中式酒店

的色调，这对人们的生理和心理健康有着积极的影响（图6-15、图6-16）。

（6）体现地域特色

各民族其内在的心理特征与习惯、爱好等都会有所差异，这一点在陈设艺术设计时应予以重视。可以说，地方的文化、风俗和历史文脉在陈设品上一览无遗（图6-17）。

（7）表述个性爱好

在今天这个彰显自我意识、提倡多元文化的年代，陈设也与时俱进地发生变化。陈设的种类越多，展现方式则越丰富，在表述的心态上也更自然、轻松和随意（图6-18）。

图6-18　景太蓝花瓶反映主人的喜好

6.2.3　常用的室内陈设种类

（1）字画

字画在居室装饰中，是不可缺少的点缀品。它不仅可以美化房间，而且反映出主人的文化品位。如何使书画与居室格调相配？这很简单，只需根据作品调换合适的墙布即可。当然，若是一幅名家大师的原作是值得如此花费的，而一般家庭作为壁上装饰的字画及花草、瓷盘等，主要是起补空作用，就不必如此费事了。不过，从另一方面说明了一个问题，那就是首先要选择与墙壁颜色相配的书画。

①根据房间的主色调选择画的颜色：根据统一或对比的需要，我们可以选择类似色或对比色的画幅相配。如感到居室这一端的色调统一有余，需要来一点活泼感，不妨选择色彩明快、对比强烈的现代画或与墙面颜色对比明显的画色，也就是与墙色呈互补关系。

中国字画以浓淡干湿的墨色形成自己高雅、隽永的独特风格，其装裱形式非常独特，常常是装轴悬挂，这就要求布置者有较高的艺术素养。如果在不协调的环境下悬挂中国字画，非但效果差，而且显得别扭、不和谐。

②根据装修的风格选择画的内容：选什么样的画都要与室内的气氛相协调，不然反而破坏了整体环境。居室装修如果是古典风格的，就要选择具象些的画；现代风格的装修要选择抽象些的画。目前居室装修风格主要为现代欧式（明朗、简约）、美式现代（融合古典现代元素、华丽气派）及中式风格。

在张挂字画前，应首先考虑以下问题：

第一，在哪个位置张挂？挂几幅？

第二，利用什么构图方案？平行垂直？还是水平方向？

第三，选择什么主题？

第四，用什么画框相配？是否和其他家具陈设或室内色彩协调？

字画的尺寸和形状与它所占前面及靠墙摆放的家具有关。如墙面较空时，可悬挂一幅尺寸较大的字画或一组排列有序的小尺寸字画。如将字画张挂在床头或沙发上方，应挂得稍低一些。一般字画悬挂高度在视觉水平线上较为适宜，约为1.7米。在墙上设置一组字画往往比只挂一幅字画效果要好。如一组字画中尺寸有大小之分，应以大的为中心，其他几幅小画围绕中心悬挂。如几幅字画的形状尺寸相同，可采用对称式布置（图6-19、图6-20）。

图6-19

图6-20

（2）灯具

灯具按安装方式一般可分为嵌顶灯、吸顶灯、吊灯、壁灯、活动灯具、建筑照明六种。按光源可分为白炽灯、荧光灯、高压气体放电灯三种。按使用场所可分为民用灯、建筑灯、工矿灯、车用灯、船用灯、舞台灯等。按配光方式可分为直接照明型、半直接照明型、全漫射式照明型和间接照明型等。各种具体场所灯具的选择方法如下。

①客厅。如果房间较高，宜用三叉至五叉的白炽吊灯，或一个较大的圆形吊灯，这样可使客厅显得空间感强。但不宜用全部向下配光的吊灯，而应使上部空间也有一定的亮度，以缩小上下空间亮度差别。客厅空间的立灯、台灯就以装饰为主，它们是搭配各个空间的辅助光源，为了与空间协调搭配，造型太奇特的灯具不适宜使用。

如果房间较低，可用吸顶灯加落地灯，这样，客厅便显得温馨，具有时代感。落地灯配在沙发旁边，沙发侧面茶几上再配以装饰性台灯，或在附近墙上安置较低壁灯。这样不仅看书时有局部照明，而且在会客交谈时还增添了亲切和谐的气氛。

②书房。台灯的选型应适应工作性质和学习需要，宜选用带反射罩、下部开口的直射台灯，也就是工作台灯或书写台灯，台灯的光源常用白炽灯、荧光灯。

白炽灯显色指数比荧光灯高，而荧光灯发光效率比白炽灯高，它们各有优点，可按个人需要

图6-21　灯具

或对灯具造型式样的爱好来选择。

③卧室。一般不需要很强的光线，在颜色上最好选用柔和温暖的色调，这样有助于烘托出舒适温馨的氛围，可用壁灯、落地灯来代替室内中央的主灯。壁灯宜用表面亮度低的漫射材料灯罩，这样可使卧室显得柔和，利于休息。床头柜上可用子母台灯，大灯作阅读照明，小灯供夜间起床用。另外，还可在床头柜下或低矮处安上脚灯，以免起夜时受强光刺激（图6-21）。

④卫生间。宜用壁灯，这样可避免蒸汽凝结在灯具上，影响照明和腐蚀灯具。

⑤餐厅。灯罩宜用外表光洁的玻璃、塑料或金属材料，以便随时擦洗。也可用落地灯照明，在附近墙上还可适当配置暖色壁灯，这样会使宴请客人时气氛更加热烈，能增进食欲（图6-22）。

⑥厨房。灯具要安装在能避开蒸汽和烟尘的地方，宜用玻璃或搪瓷灯罩，便于擦洗又耐腐蚀。

追求时尚的家庭，可以在玄关、餐厅、书柜处安置几盏射灯，不但能突出这些局部的特殊装饰效果，还能显出别样的情调。要根据自己的艺术情趣和居室条件选择灯具。一般家庭可以在客厅中多采用一些时髦的灯具，如三叉吊灯、花饰壁灯、多节旋转落地灯等。

住房比较紧张的家庭不宜装过于时髦的灯具，以免增加拥挤感。低于2.8m层高的房间也不宜装吊灯，只能装吸顶灯才能使房间显得高些。

灯具的色彩要服从整个房间的色彩。为了不破坏房间的整体色彩设计，一定要注意灯具的灯罩，外壳的颜色应与墙面、家具、窗帘的色彩相协调。

（3）摄影作品

摄影作品是一种纯艺术品，和绘画的不同之处在于摄影只能是写实的和逼真的。少数摄影作品经过特技拍摄和艺术加工，也有绘画效果，因此摄影作品的一般陈设要求和绘画基本相同。而巨幅摄影作品常作为室内扩大空间感的界面装饰，意义已有所不同。摄影作品制成灯箱广告，这是不同于绘画的特点。

由于摄影能真实地反映当地当时所发生的情景，因此某些重要的历史性事件和人物写照，常成为值得纪念的珍贵文物。因此，它既是摄影艺术品又是纪念品。

（4）雕塑

瓷塑、钢塑、泥塑、竹雕、石雕、晶雕、木雕、玉雕、根雕等是我国传统工艺品之一（图6-23、图6-24），题材广泛，内容丰富，巨细不等，流传于民间和宫廷，是常见的室内摆设。有些已是历史珍品。现代雕塑的形式更

图6-22 灯具

图6-23 根雕

图6-24 木雕

图6-25 盆景

图6-26 陶瓷

多，有石膏、合金等。雕塑有玩赏性和偶像性（如人、神塑像）之分，它反映了个人情趣、爱好、审美观念、宗教意识和崇拜偶像等。它属三度空间，栩栩如生，其感染力常胜于绘画的力量。雕塑的表现还取决于光照、背景的衬托以及视觉方向。

（5）盆景

盆景在我国有着悠久的历史，是植物观赏的集中代表，被称为有生命的绿色雕塑。盆景的种类和题材十分广阔，它像电影一样，既可表现特写镜头，如一棵树桩盆景，老根新芽，充分表现植物的刚健有力，苍老古朴，充满生机；又可表现壮阔的自然山河，如一盆浓缩的山水盆景，可表现崇山峻岭、湖光山色、亭台楼阁、小桥流水，千里江山，尽收眼底，可以得到神思卧游之乐（图6-25）。

（6）工艺美术品、玩具

工艺美术品的种类和用材更为广泛，有竹、木、草、藤、石、泥、玻璃、塑料、陶瓷、金属、织物等。有些本来就是属于纯装饰性的物品，如挂毯之类。有些是将一般日用品进行艺术加工或变形而成，旨在发挥其装饰作用和提高欣赏价值，而不在实用。这类物品常有地方特色以及传统手艺，如不能用以买菜的小篮，不能坐的飞机，常称为玩具（图6-26）。

（7）个人收藏品和纪念品

个人的爱好既有共性，也有特殊性，家庭陈设的选择，往往以个人的爱好为转移。不少人有收藏各种物品的癖好，如邮票、钱币、字画、金石、钟表、古玩、书籍、乐器、兵器以及各式各样的纪念品等（图6-27），作为传世之宝，这里既有艺术品也有实用品。其收集领域之广阔，几乎无法予以规范。但正是这些反映不同爱好和个性的陈设，使不同家庭各具特色，极大地丰富了社会交往内容和生活情趣。

（8）日用装饰品

日用装饰品是指日常用品中，具有一定观赏价值的物品，它和工艺品的区别

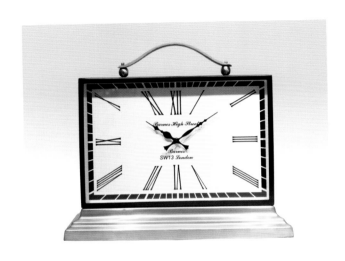

　图6-27　钟表

是，日用装饰品主要还是在于其可用性。这些日用品的共同特点是造型美观、做工精细、品位高雅，在一定程度上，具有独立欣赏的价值。因此，不但不必收藏起来，而且还要放在醒目的地方去展示它们，如餐具、烟酒茶用具、植物容器、电视音响设备、日用化妆品、古代兵器、灯具等（图6-28）。

（9）织物陈设

织物陈设，除少数作为纯艺术品外，如壁挂、挂毯等，大量作为日用品装饰，如窗帘、台布、桌布、床罩、靠垫、家具等蒙面材料。它的材质形色多样，具有吸声效果，使用灵活，便于更换，使用极为普遍。由于它在室内所占的面积比例很大，对室内效果影响极大，因此是一个不可忽视的重要陈设（图6-29）。

图6-28 茶具

图6-29 新疆羊毛挂毯

6.3

室内陈设的选择与布置原则

6.3.1 室内陈设的选择和布置原则

（1）室内的陈设应与室内使用功能相一致

一幅画、一件雕塑、一副对联，它们的线条、色彩，不仅为了表现本身的题材，也应和空间场所相协调。只有这样才能反映出不同的空间特色，形成独特的环境气氛，赋予深刻的文化内涵，而不流于华而不实、千篇一律的境地。

（2）室内陈设品的大小、形式应与室内空间家具尺度取得良好的比例关系

室内陈设品过大，常使空间显得小而拥挤；过小，又可能使室内空间显得过于空旷。局部的陈设也是如此，例如沙发上的靠垫做得过大，使沙发显得很小；而过小，则又如玩具一样很不相称。陈设品的形状、形式、线条更应与家具和室内装修取得密切的配合，运用多样统一的美学原则达到和谐的效果。

（3）陈设品的色彩、材质也应与家具、装修统一考虑，形成一个协调的整体

在色彩上可以采取对比的方式以突出重点，或采取调和的方式，使家具和陈设之间、陈设和陈设之间，取得相互呼应、彼此联系的协调效果（图6-30）。

（4）陈设品的布置应与家具布置方式紧密配合

此处要求包括良好的视觉效果，稳定的平衡关系，空间的对称或非对称，静态或动态，对称平衡或不对称平衡，风格和气氛的严肃、活泼、雅静等。除了其他因素外，布置方式也起到关键性的作用。

图6-30 色彩与材质的整体性

6.3.2　室内陈设的布置位置

（1）墙面陈设

墙面陈设一般以平面艺术为主，如书、画、摄影、浅浮雕等（图6-31），或小型的立体饰物，如壁灯、弓、剑等。也常见将立体陈设品放在壁龛中，如花卉、雕塑等，并配以灯光照明，也可在墙面设置悬挑轻型搁架以存放陈设品。

图6-31　浅浮雕

（2）桌面摆设

桌面摆设包括不同类型和情况，如办公桌、餐桌、茶几、会议桌、略低于桌高的靠墙或沿窗布置的储藏柜和组合柜等。桌面摆设一般均选择小巧精致、宜于微观欣赏的材质制品，并可按时即兴灵活更换（图6-32）。

图6-32　玻璃瓶

（3）落地陈设

大型的装饰品，如雕塑、瓷瓶、绿化等，常落地布置，布置在大厅中央的常成为视觉的中心，最为引人注目；也可放置在厅室的角隅、墙边或出入口旁、走道尽端等位置，作为重点装饰，或起到视觉上的引导作用和对景作用（图6-33）。

（4）柜架陈设

数量大、品种多、形色多样的小陈设品，最宜采用分格分层的隔板、博古架，或特制的装饰柜架进行陈列展示，这样可以达到多而不繁、杂而不乱的效果（图6-34）。

（5）悬挂陈设

空间高大的厅堂，常采用悬挂各种装饰品，如织物、绿化、抽象金属雕塑、吊灯等，弥补空间过于空旷的不足，并有一定的吸声或扩散的效果。居室也常利用角隅悬挂灯具、绿化或其他装饰品，既不占面积又装饰了枯燥的墙边角隅（图6-35）。

图6-33　绿植

图6-34　柜架陈设

图6-35　悬挂装饰

6.4

室内陈设艺术风格

6.4.1 中式风格

中国传统风格成为东方的一大特色，蕴涵着出众品质，一是庄严典雅的气度，二是潇洒飘逸的气韵，象征着超脱的性灵意境。我们常说的中式风格是以宫廷建筑为代表的中国古典建筑的室内装饰设计艺术风格。

（1）元素特征

以中国传统文化内涵为设计元素，具有现代文艺气息和古典文化神韵。注重突出优雅、气势恢宏、壮丽华贵、高空间、大进深、雕梁画栋、金碧辉煌、成熟稳重的感觉。

（2）材质特征

材质以木材为主，多采用酸枝木或大叶檀香等高档硬木。

（3）色彩特征

色彩以深色沉稳为主，采用以红、黑、黄为主的装饰色调。

（4）造型特征

总体布局对称均衡，端正稳健，而在装饰细节上崇尚自然情趣，花鸟、鱼虫等精雕细琢，富于变化，充分体现出中国传统美学精神。空间上讲究层次，多用隔窗、屏风来分割，用实木做出结实的框架，以固定支架，中间用棂子雕花，做成古朴的图案。门窗一般是用棂子做成方格或其他中式的传统图案，用实木雕刻成各式题材造型，打磨光滑，富有立体感。天花以木条相交成方格形，上覆木板，也可做简单的环形的灯池吊顶，用实木做框，层次清晰，漆成花梨木色。古典风格大多都是以窗花、博古架、中式花格、顶棚梁柱等装饰为主。另外，会增加国画、字画、挂饰画等做墙面装饰，再增加些盆景以求和谐（图6-36）。

6.4.2 新中式风格

新中式风格是中式元素与现代材质的巧妙兼容，明清家具、窗棂、布艺床品相互辉映，是逐渐发展成熟的新一代设计队伍和消费市场孕育出的一种新的理念。

图6-36 中式风格

（1）元素特征

中国传统风格文化意义在当前时代背景下的演绎；对中国当代文化充分理解基础上的当代设计，清雅含蓄、端庄丰华、简洁现代、古朴大方、优雅温馨、自然脱俗、成熟稳重。重点突出了庄重、优雅、简洁的风格。

（2）材质特征

中式风格的建材往往是取材于大自然，例如木头、石头，尤其是木材，从古至今更是中式风格朴实的象征。也可以运用多种新型材料，可以使浓厚的东方气质和古典元素搭配得相得益彰。

（3）色彩特征

一是以苏州园林和京城民宅的黑、白、灰色为基调；二是在黑、白、灰基础上以皇家住宅的红、黄、蓝、绿等作为局部色彩。新中式设计中，黑色、粉色、橙色、红色、黄色、绿色、白色、紫色、蓝色、灰色、棕色等各种颜色都可以和谐使用。

（4）造型特征

新中式风格非常讲究空间的层次感，依据住宅使用人数和私密程度的不同，做出分隔的功能性空间。在需要隔断视线的地方，则使用中式的屏风或窗棂、中式木门、工艺隔断、简约化的中式"博古架"进行间隔。通过这种新的分隔方式，单元式住宅展现出中式家居的层次之美，再添加一些简约的中式元素造型，如甲骨文、中式窗棂、方格造型等，使整体空间感觉更加丰富，大而不空、厚而不重，有格调又不显压抑。新中式装饰风格的住宅中，空间装饰采用简洁、硬朗的直线条，有时还会采用具有西方工业设计色彩的板式家具，搭配中式风格来使用。直线装饰的使用不仅反映出现代人追求简单生活的居住要求，更迎合了中式家具追求内敛、质朴的设计风格，使新中式更加实用、更富现代感。

新中式家具的构成主要体现在线条简练流畅，内部设计精巧的传统家具多以明清家具为主，或现代家具与古典家具相结合。家具以深色为主，书卷味较浓。条案、靠背椅、罗汉床、两椅一几经常被选用。布置上，家具更加灵活随意。

新中式风格的饰品主要是瓷器、陶艺、中式窗花、字画、布艺以及具有一定含义的中式古典物品，精美的瓷器、寓意深刻的装饰画等。完美地演绎历史与现代、古典与时尚的激情碰撞，营造了回归自然的意境（图6-37）。

（5）中式风格和新中式风格区别

新中式融入了现在的元素，例如在材质、构造、装饰，布置上，新中式家具更加灵活随意。

新中式风格是对中式风格的扬弃，新中式风格将中式元素和现代设计两者的长处有机结合，其精华之处在于以内敛沉稳的古意为出发点，既能体现中国传统神韵，又具备现代感的新设计、新理念等，从而使家具兼具古典与现代的神韵。

6.4.3 欧式风格

欧式风格根据不同的时期常被分为古典风格、中世风格、文艺复兴风格、巴洛克风格、新古典主义风格、洛可可风格等，根据地域文化的不同则有地中海风格、法国巴洛克风格、英国巴洛克风格、北欧风格、美式风格等。

图6-37 新中式风格

（1）元素特征

主要是突出豪华、大气、奢侈、雍容华贵。

（2）材质特征

装修材料常用大理石、多彩的织物、精美的地毯、精致的法国壁挂，整个风格豪华、富丽，充满强烈的动感效果。

（3）色彩特征

欧式风格在色彩上比较大胆，采用的或是富丽堂皇、浓烈色彩、华丽色彩，或是清新明快，或是古色古香。从家居的整体色彩来说，它大多以金色、黄色和褐色为主色调，这使得整个家居设计显得大气十足。色彩上也结合典雅的古代风格，纤致的中世纪风格，富丽的文艺复兴风格，浪漫的巴洛克、洛可可风格，一直到庞贝式、帝政式的新古典风格，在各个时期都有各种精彩的演绎，是欧式风格不可或缺的要角。

图6-38　欧式风格

图6-39　地中海风格

（4）造型特征

欧式装饰风格适用于大面积房子，若空间太小，不但无法展现其风格气势，反而对生活在其间的人造成一种压迫感。欧式风格在设计上追求空间变化的连续性和形体变化的层次感，在造型设计上既要突出凹凸感，又要有优美的弧线，两种造型相映成趣，风情万种（图6-38）。

6.4.4　地中海风格

地中海风格是阳光、沙滩与海的交融，湛蓝与灰白相搭配，显示出浓厚的田园艺术气息。作为文艺复兴时期兴起的一种家具风格，时常会采用做旧等家具艺术工艺加以描绘，凸显出地中海风格富含深厚精细加工工艺的历史韵味，是一款不可多得的艺术家具款型。

（1）元素特征

白灰泥墙、连续的拱廊与拱门，陶砖、海蓝色的屋瓦和门窗。地中海风格给人以自由、清新、纯净、亲切、淳朴而浪漫的自然风情。

（2）色彩特征

蓝与白：这是比较典型的地中海颜色搭配。

黄、蓝紫和绿：南意大利的向日葵、南法的薰衣草花田，金黄与蓝紫的花卉与绿叶相映，形成一种别有情调的色彩组合，十分具有自然的美感。

土黄及红褐：这是北非特有的沙漠、岩石、泥、沙等天然景观颜色，再辅以北非土生植物的深红、靛蓝，加上黄铜，带来一种大地般的浩瀚感觉。

（3）材质特征

　　家具尽量采用低彩度、线条简单且修边浑圆的木质家具。地面则多铺赤陶或石板，在室内，窗帘、桌巾、沙发套、灯罩等均以低彩度色调和棉织品为主。素雅的小细花条纹格子图案是主要风格。马赛克镶嵌、拼贴在地中海风格中算较为华丽的装饰。主要利用小石子、瓷砖、贝类、玻璃片、玻璃珠等素材，切割后再进行创意组合。独特的锻打铁艺家具，也是地中海风格独特的美学产物。同时，地中海风格的家居还要注意绿化，爬藤类植物是常见的居家植物，小巧可爱的绿色盆栽也常看见。

（4）造型特征

　　"地中海风格"的建筑特色是，拱门与半拱门、马蹄状的门窗，家中的墙面处（只要不是承重墙），均可运用半穿凿或者全穿凿的方式来塑造室内的景中窗。这是地中海家居的一个有趣之处。房屋或家具的线条不是直来直去的，显得比较自然，因而无论是家具还是建筑，都形成一种独特的浑圆造型（图6-39）。

6.4.5　东南亚风格

　　东南亚豪华风格是一个结合东南亚民族岛屿特色及精致文化品位相结合的设计。

（1）元素特征

　　风格浓烈、优雅、稳重而有豪华感，奢华又有温馨和谐和丝丝禅意。东南亚风格追求的是一种自然的气息，融入生活的纯生态的美感。同时追求随意的野性，这是身居城市的人们在生活压力下的一种对自由的渴望。东南亚风格家具追求纯手工编织，要求不带工业色彩，环保的同时又带有一丝贵气。

（2）材质特征

　　大多以纯天然的藤、竹、柚木为材质，纯手工制作而成。这些材质会使居室显得自然古朴，仿佛沐浴着阳光雨露般舒畅。

（3）色彩特征

　　装饰色彩多以黄色、绿色、金色和红色为主，以求与外界环境交融。色泽以原藤、原木的色调为主，大多为褐色等深色系。东南亚风情标志性的炫色系列多为深色系，且在光线下会变色，沉稳中透着一点贵气。配饰（如靠垫、布艺）多采用亮丽鲜艳的色彩，起到活跃空间的作用。

（4）造型特征

　　空间上讲究多层次，多用隔窗、屏风来分割，多以直线为主，简洁大方，又不失格调。连贯穿插，注重空间的交互性和空间与环境的相平面开敞流动，多用推拉隔断，空间用线以及由线构成的面相互融合。室内多摆放东南亚植物（图6-40）。

图6-40　东南亚风格

6.4.6　现代简约风格

简约不等于简单，它是经过深思熟虑后，再经过创新得出的设计和思路的延展，不是简单的"堆砌"和平淡的"摆放"。它是将设计的元素、色彩、照明、原材料简化到最少的程度，但对色彩、材料的质感要求很高。简约的空间设计通常非常含蓄，往往能达到以少胜多、以简胜繁的效果。在家具配置上，白亮光系列家具，独特的光泽使家具倍感时尚，具有舒适与美观并存的享受。强调功能性设计，线条简约流畅，色彩对比强烈，这是现代风格家具的特点。

（1）材质特征

大量使用钢化玻璃、不锈钢等新型材料作为辅材，也是现代风格家具的常见装饰手法，能给人带来前卫、不受拘束的感觉。

（2）色彩特征

延续了黑、白、灰的主色调，以简洁的造型、完美的细节，营造出时尚前卫的感觉。

（3）造型特征

由于线条简单、装饰元素少，现代风格家具需要完美的软装配合，才能显示出美感。例如沙发需要靠垫、餐桌需要餐桌布、床需要窗帘和床单陪衬，软装到位是现代风格家具装饰的关键（图6-41）。

图6-41　现代简约风格

6.4.7　美式田园风格

美式田园风格又被称为美式乡村风格，属于自然风格的一支，倡导"回归自然"。田园风格在美学上推崇自然、结合自然，在室内环境中力求表现

图6-42　美式田园风格

悠闲、舒畅、自然的田园生活情趣和元素特征。美式田园有务实、规范、成熟的特点，粗犷大气、简洁优雅、简洁明快、温馨、自然质朴，追求舒适性、实用性和功劳性为一体，清婉惬意，外观雅致休闲。

（1）材质特征

美式田园对仿古的墙地砖、石材有偏爱。材料选择上多倾向于较硬、光挺、华丽的材质，同时装修和其他空间要更加明亮光鲜，通常使用大量的石材和木饰面装饰，比如喜好仿古的墙砖、厨具门板，喜好实木门扇或白色模压门扇仿木纹色；另外，厨房的窗也喜欢配置窗帘等，美式家具一般采用胡桃木或枫木。

（2）色彩特征

色彩多以淡雅的板岩色和古董色，家具颜色多仿旧漆，式样厚重。墙壁白居多，随意涂鸦的花卉图案为主流特色，线条随意但注重干净、干练。

（3）造型特征

美式田园风格通常具备简化的线条、粗犷的体积，有地中海样式的拱形。美式家具的特点是优雅的造型，清新的纹路，质朴的色调，细腻的雕饰，舒适高贵中透露出历史文化内涵。室内绿化也较为丰富，装饰画较多（图6-42）。

陈设设计工作流程

陈设设计流程是保证设计质量的前提，一般分为3个阶段开展工作：方案阶段、陈设设计阶段、预算阶段。

6.5.1　方案阶段

此阶段主要的工作有收集陈设设计资料、综合分析硬装情况、陈设设计构思、与同类陈设设计方案比较、陈设设计方案表现。

①方案表现。以装饰风格元素为主题，对不同风格的不同内容，提取装修的文化内涵为陈设设计服务。室内陈设应表达一定思维、内涵和文化素养，对塑造室内环境形象，表达室内气氛，环境的创新起到画龙点睛的作用。

②策划文案中应体现地方地域文化特色。

③收集陈设小样。

6.5.2　陈设设计阶段

（1）陈设设计准备

①设计的目的与任务：明确陈设设计的目的与任务是设计前期阶段首先要把握的问题，只有明确需要做什么，才能明白应该做什么、怎样去做，才能产生好的设计构思与计划方案。

②项目计划书：陈设设计应有相应的项目计划，设计师必须对已知的任务进行内容计划，从内部分析到工作计划，形成一个工作内容的总体框架。

③设计资料和文件：对项目性质、现实状况和远期预见等进行调研，根据不同空间的性质与功能要求，客户类型、需求、沟通意见等综合结果，着手陈设设计。

（2）现场硬装分析

①资料分析：对空间硬件装修进行分析，认识、了解自己的工作内容和基本条件。

②场地实测：对设计空间进行现场实地测量，并对现场空间的各种空间关系现状做详细记录。

③设计咨询：包括以下内容。

a.情况咨询。设计师对所涉及的各种法律法规要有充分的了解，因为它关系到公共安全、健康。咨询包括防火、防盗、空间容量、交通流向、疏散方式、日照情况、卫生情况、采暖及人身电器系统等。

b.市场定位。设计师实现设计思考的依据来源于对陈设市场的了解，得出相应的市场判断，对其设计初步定位。

c.客户需求。设计者必须充分了解客户的需要，对客户的资金投入、审美要求等尽可能有清晰的把握。

（3）初期方案设计阶段

在初期方案设计阶段，设计师应提供的服务包括以下3方面：

①审查并了解客户的项目计划内容，把对客户要求的理解形成文件，与客户达成共识。

②初步确认任务内容、时间计划和经费预算。

③通过与客户共同讨论，对设计中有关施工的各种可行性方案获得一致意见。

这一阶段最主要的工作是确认项目计划书，对陈设设计的各种要求以及可能实现的状况与客户达成共识。对项目计划的明确和可行性方案进行讨论，要以图纸方案和说明书等文件作为相互了解的基础。

该阶段的工作内容是一套初步设计文件，包括图纸、计划书、概括陈设设计说明。

初期设计阶段的设计文件，要送客户审阅，得到客户认同后才可进行下阶段的工作。

（4）深入设计阶段

①设计师在客户所批准的初期设计基础上，根据客户对项目计划书、时间以及预算所作的调整，做深入的初期设计计划。

②深入初期设计阶段工作具有统筹全局的战略意义。以设计任务的相关要求为依据，使陈设的基本使用功能、材料及加工技术等要素得到综合，以空间手段、造型手段、材料手段以及色彩表现手段等，形成一种较为具体的工作内容。其中要有一定的细部表现设计，能明确地表现出技术上的可能性和可行性。

该阶段的设计文件有以下内容：

a.陈设设计大样图。

b.材料计划。

c.详细陈设设计说明。

6.5.3　陈设设计预算阶段

预算是指以设计团体为对象编制的人工、材料、陈设品费用总额，即单位工程计划成本。施工预算是设计团体进行劳动调配，物资技术供应，反映设计团体个别劳动量与社会平均劳动量之间的差别，控制成本开支，进行成本分析和班组经济核算的依据。

编制施工预算的目的是按计划控制设计团体劳动和物资消耗量。它依据施工图、施工组织设计和施工定额，采用实物法编制。

6.5.4　案例　高层C3户型样板房软装设计

样板房软装设计采用的是美式乡村风格，突出生活的舒适和自由（图6-43至图6-51）。

图6-43　一层和二层平面图

图6-44　玄关家具与软装

图6-45　起居座家具与软装

图6-46　餐厅家具与软装

图6-47　主卧家具与软装

图6-48　老人房家具与软装

　　图6-49　儿童房家具与软装

图6-50　书房家具与软装

图6-51　厨房家具与软装

项目训练——样板房软装设计

项目名称	项目一：北欧风格样板房软装设计
	项目二：新中式风格样板房软装设计
训练目标	通过该项目的训练，掌握软装设计工作流程及方法，熟悉北欧风格的特点与表现
	通过该项目的训练，掌握软装设计工作流程及方法，熟悉新中式风格的特点与表现
训练内容和方法	设定一个户型的样板房，画出平面图，并对每个居室进行软装设计，使其符合北欧风格的特点，满足客户的要求
	设定一个户型的样板房，画出平面图，并对每个居室进行软装设计，使其符合新中式风格的特点，满足客户的要求
考核标准	制作PPT汇报材料，并制作精美画册，A3纸打印

学习评判

评价指标	评价内容	分值	自评	互评	教师
思维能力	能够从不同的角度提出问题，并考虑解决问题的方法	10			
自学能力	能够通过自己已有的知识经验来独立地获取新的知识和信息	5			
	能够通过自己的感知、分析等来正确地理解家具与室内陈设设计新知识	5			
实践操作能力	能够根据自己获取的家具与室内陈设设计新知识完成工作任务	5			
	能够规范严谨地撰写家具设计文案	5			
创新能力	在小组讨论中能够与他人交流自己的想法，敢于标新立异	8			
	能跳出固有的课内外的知识，提出自己的见解，培养自己的创新性	7			
表达能力	能够正确地组织和传达家具与室内陈设设计文案的内容	15			
合作能力	能够为小组提供信息、质疑、归类和检验，提出方法，阐明观点	15			
学习方法掌握能力	根据本次任务实际情况对自己的学习方法进行调整和修改	15			
应用能力	能够根据本次任务正确使用学习方法	5			
	能够正确地整合各种学习方法，进行比较来更好地运用	2			
	能够有效利用学习资源	3			
平均得分		100			
个人小结					

参考文献

[1] 刘文金，邹伟华. 家具造型设计 [M].北京：中国林业出版社，2007.

[2] 唐开军，行焱.工业设计：家具设计 [M].北京：中国轻工业出版社，2010.

[3] 陶涛. 家具设计与开发 [M].2版.北京：化学工业出版社，2011.

[4] 胡天君，周曙光. 家具设计与陈设 [M].2版.北京：中国电力出版社，2012.

[5] 吴智慧. 木质家具制造工艺学 [M].北京：中国林业出版社，2004.

[6] 谭秋华，张献梅. 家具与陈设 [M].北京：机械工业出版社，2012.

[7] 庄荣，吴叶红. 家具与陈设 [M].北京：中国建筑工业出版社，2004.

[8] 程雪松，莫娇，徐苏彬. 家具设计基础 [M].上海：上海人民美术出版社，2021.

[9] 张克非，俞虹. 家具设计 [M].沈阳：辽宁美术出版社，2020.

[10] 彭亮，柳毅. 家具设计 [M].杭州：中国美术学院出版社，2020.

[11] 翟胜增，孙亚峰. 室内陈设 [M].南京：东南大学出版社，2018.

[12] 胡昆，董庆涛，晋慧斌. 陈设设计 [M].杭州：浙江人民美术出版社，2018.

[13] 陈雪杰. 家具设计与工艺 [M].北京：人民邮电出版社，2016.